高等学校教材

制药工程专业实验

Pharmaceutical Engineering
Specialty Experiment

于燕燕　郭玲玲 / 主编

化学工业出版社
·北京·

内容简介

《制药工程专业实验》是制药工程专业实践教学体系中的重要组成部分，主要涵盖了药物分析、药物化学、药物制剂、天然产物提取、中试实训等几大部分。在已有的多学科综合学习的基础上，针对制药工程的工科教育属性，强调 CDIO（构思 Conceive、设计 Design、实现 Implement 和运作 Operate）工程教育模式，推动学生的工程知识应用，强化其工程实践能力的培养。本书选择了一些具有代表性的实验项目，并进行了综合性、工程化拓展，有利于学生更好地认识、理解、掌握制药工程专业的核心知识和实验研究技能，有利于培养学生解决复杂工程问题的能力，便于更好地适应行业需求。部分实验配有视频，读者可扫码获取。

《制药工程专业实验》可作为高等学校制药工程专业本科生教材，也可供相关专业人员参考。

图书在版编目（CIP）数据

制药工程专业实验 / 于燕燕，郭玲玲主编. -- 北京：化学工业出版社，2024.9. -- ISBN 978-7-122-46280-0

Ⅰ．TQ46-33

中国国家版本馆 CIP 数据核字第 2024FD6942 号

责任编辑：马泽林
责任校对：宋　玮　　　　　　装帧设计：刘丽华

出版发行：化学工业出版社
　　　　　（北京市东城区青年湖南街 13 号　邮政编码 100011）
印　　装：大厂聚鑫印刷有限责任公司
787mm×1092mm　1/16　印张 9¼　字数 221 千字
2024 年 11 月北京第 1 版第 1 次印刷

购书咨询：010-64518888　　　　　售后服务：010-64518899
网　　址：http://www.cip.com.cn
凡购买本书，如有缺损质量问题，本社销售中心负责调换。

定　　价：29.00 元　　　　　　　　版权所有　违者必究

《制药工程专业实验》编写人员

主　　编　于燕燕　郭玲玲

副 主 编　樊冬丽　王东升　沙　娜　殷　燕　林文辉

参编人员　吴晶晶　张　华　马宝娣　刘传祥　汪忠华

前言

制药工业在国民经济和社会发展中有重要地位。制药工程专业属于化工与制药类专业，要求学生掌握化学、药学、制药工程、化学工艺等方面的知识，掌握药物合成、药物制剂、药物分析等专业知识和技能，并具有制药工程方面的生产、经营管理、科研开发等能力。制药工程专业实验课程是培养学生动手、设计和创新能力的重要途径，并且能够提高学生理论联系实际、综合运用理论知识的能力。

本书主要包括药物分析实验、药物化学实验、药物制剂实验、天然产物提取实验、中试实训等几大部分。在已有多学科综合学习的基础上，针对制药工程的工科教育属性，强调CDIO工程教育模式，推动学生的工程知识应用，强化其工程实践能力的培养。以产品研发到产品运行的全生命周期为实践背景，强调学生在不同类型的实践中获得多种能力，从而在宽口径、专业化方面实现均衡发展。具体为：强化学生的专业文献数据查询和利用的能力；按照《药品生产质量管理规范》（GMP）的基本理念，重点关注生产过程分析，了解运用定量解析手段建立、控制制药过程的工程价值；通过植物药制备过程的工程实训学习，增强学生综合工程实践能力；强化现代化、数字化发展，增加了仿真实训，实现线上线下虚实结合。

本书由上海应用技术大学制药工程教研室的老师共同编写，于燕燕、郭玲玲任主编，负责全书的统稿工作；各章编写人员分别是第一章郭玲玲、殷燕，第二章樊冬丽、于燕燕，第三章于燕燕、王东升，第四章郭玲玲、沙娜、林文辉，第五章于燕燕、沙娜，第六章郭玲玲、王东升。另外，本书在编写过程中亦得到其他参编人员的大力协助和支持，吴晶晶、刘传祥、汪忠华老师在药物化学领域提供了很多专业帮助和有价值意见；张华、马宝娣老师在书籍编写的统筹联络中提供了很多帮助，在此向大家的付出表示感谢。本书获得上海市属高校应用型本科试点专业建设资金支持，特此感谢。

对于本书的编写，所有的编者都做了很大的努力，但书中难免有疏漏之处，诚恳希望广大读者批评指正。

编者

2024年5月

目录

第一章 绪论 001

第一节 实验基本知识 // 001
第二节 实验课程要求 // 003
第三节 实验数据处理 // 003

第二章 药物分析实验 005

实验一 葡萄糖的一般杂质检查 // 005
实验二 牛黄解毒片的鉴别 // 009
实验三 阿司匹林原料药的含量测定 // 011
实验四 盐酸小檗碱片的分析 // 012
实验五 双波长分光光度法测定复方磺胺甲噁唑片中磺胺甲噁唑及甲氧苄啶的含量 // 013
实验六 维生素 B_1 片的含量测定 // 015
实验七 气相色谱法测定风油精中薄荷脑的含量 // 016
实验八 气相色谱法测定维生素 E 软胶囊中维生素 E 的含量 // 018
实验九 炔诺孕酮片的高效液相色谱分析法 // 021
实验十 高效液相色谱法测定醋酸地塞米松乳膏中醋酸地塞米松的含量 // 022
实验十一 美洛昔康片的含量均匀度测定 // 023
实验十二 硫酸奎尼丁的含量测定 // 025

第三章 药物化学实验 027

实验一 乙酰水杨酸的合成 // 027
实验二 (R)-四氢噻唑-2-硫酮-4-羧酸的合成 // 030
实验三 贝诺酯制备工艺优化及过程控制 // 032
实验四 苯佐卡因的合成 // 034
实验五 对乙酰氨基酚的合成 // 037
实验六 丙二酸亚异丙酯的合成 // 038
实验七 L-抗坏血酸棕榈酸酯的合成 // 039

实验八　盐酸溴己新（必嗽平）中间体的合成 // 040
实验九　对氨基水杨酸钠稳定性实验 // 041

第四章
药物制剂实验
043

实验一　阿司匹林片的制备和质量控制 // 043
实验二　阿司匹林片的制备和质量检查（干法制粒）// 051
实验三　维生素B_2片的制备及流动性考察——直接压片 // 054
实验四　甲硝唑注射液的制备及质量检查 // 057
实验五　双氯芬酸钾软膏剂的制备 // 062
实验六　溶液型液体制剂的制备 // 067
实验七　混悬型液体制剂的制备 // 072
实验八　乳剂的制备 // 077
实验九　感冒退热颗粒的制备及质量检查 // 080
实验十　六味地黄丸的制备及质量检查 // 083
实验十一　布洛芬-聚维酮类固体分散体的制备 // 086
实验十二　茶碱缓释片的制备及质量检查 // 089
实验十三　液体石蜡微囊的制备及质量检查 // 093
实验十四　薄荷油-β-环糊精包合物的制备 // 098

第五章
天然产物提取实验
102

实验一　大枣中多糖的提取 // 102
实验二　白芷中香豆素的提取 // 104
实验三　胱氨酸的提取 // 106
实验四　粉防己碱的提取、分离与鉴定 // 107
实验五　芦丁的提取、分离与鉴定 // 111

第六章
中试实训
115

实验一　银杏叶提取物的制备及含量测定 // 115
实验二　丹参有效成分的提取与制备 // 123
实验三　四逆汤的制备 // 129
实验四　银杏叶片的制备 // 134
实验五　感冒退热颗粒的制备 // 138

参考文献
142

第一章 绪论

第一节 实验基本知识

1. 实验室消防

实验室常用的消防器材包括以下几种：

（1）灭火砂箱　用于扑灭易燃液体和其他不能用水灭火的危险品引起的火灾。砂子能隔断空气并起到降温作用而灭火，但砂中不能混有可燃性杂物，并且要保持干燥。由于砂箱中存砂有限，故只能扑灭局部小规模的火源；大规模火源，可用不燃性固体粉末扑灭。

（2）石棉布、毛毡或湿布　通过隔绝空气来达到灭火的目的，用于扑灭火源区域不大的火灾，也是扑灭衣服着火的常用方法。

（3）泡沫灭火器　实验室多使用手提式泡沫灭火器。外壳用薄钢板制成，内有一个盛有硫酸铝的玻璃胆，胆外装有碳酸氢钠和发泡剂（甘草精）。使用时把灭火器倒置，马上发生化学反应生成含 CO_2 的泡沫，泡沫黏附在燃烧物体的表面，形成与空气隔绝的薄层而灭火。适用于扑灭实验室的一般火灾，但由于泡沫导电，故不能用于扑救电气设备和电线的火灾。

（4）其他灭火器材

① 四氯化碳灭火器，适用于扑灭电气设备火灾。

② 二氧化碳灭火器，使用时能降低空气中的含氧量，因此要注意防止现场人员窒息。

③ 干粉灭火器，可扑灭易燃液体、气体、带电设备引起的火灾。

④ 1211 灭火器，适用于扑救油类、电气类、精密仪器等火灾。

2. 安全用电常识

（1）电伤害危险因素　触电是电流流经人体，造成生理伤害的事故，是最直接的电气事故，常常是致命的。其伤害程度与电流的大小、触电时间以及人体电阻等因素有关。

实验室常用电压为 220～380V、频率为 50Hz 的交流电，人体的心脏每跳动一次有 0.1～0.2s 的间歇时间，此时对电流最敏感。当电流流过人体脊柱和心脏时危害最大。

人体电阻分为皮肤电阻（潮湿时约为 2000Ω，干燥时约为 5000Ω）和体内电阻（150～500Ω）。随着电压升高，人体电阻相应降低。触电时因为皮肤破裂而使人体电阻骤然降低，通过人体的电流随之增大而危及人的生命。

（2）防止触电注意事项

① 电气设备要可靠接地，一般使用三芯插座。

② 一般不要带电操作。特殊情况需要带电操作时，必须穿绝缘胶鞋，戴橡皮手套等防护用具。

③ 安装漏电保护装置时，一般规定其动作电流不超过 30mA，切断电源时间低于 0.1s。

（3）实验室严禁随意乱拉电线。

3. 实验室环保知识

实验室排放的废液、废气、废渣等虽然数量不大，但如不经过必要的处理直接排放，会对环境和人身造成危害，要特别注意以下几点：

（1）实验室所有药品以及中间产品，必须贴上标签，注明名称，防止误用和因情况不明而处理不当造成事故。

（2）绝对不允许用嘴去吸移液管以获取各种化学试剂和溶液，应使用洗耳球等方法吸取。

（3）处理有毒或刺激性物质时，必须在通风橱内进行，防止散逸到室内。

（4）废液应根据物质性质的不同分别集中在废液桶内，并贴上标签，以便处理。有些废液不可混合，如过氧化物和有机物、盐酸等挥发性酸和不挥发性酸、镀盐及挥发性胺与碱等。

（5）接触过有毒物质的器皿、滤纸、容器等要分类收集后集中处理。

（6）一般的酸碱处理，必须在进行中和后用水大量稀释，然后才能排放到下水槽。

（7）处理废液、废物时，一般要戴上防护眼镜和橡皮手套。对兼有刺激性、挥发性的废液处理时，要戴上防毒面具，在通风橱内进行。

4. 事故处理

（1）玻璃割伤　如果为一般轻伤，应及时挤出污血，并用消毒过的镊子取出玻璃碎片，用生理盐水或清水洗净伤口，涂上碘酒或红汞水，再用绷带包扎；如果为大伤口，应立即用绷带扎紧伤口上部，使伤口停止出血，然后立即送医院。

（2）酸液或碱液溅入眼中　酸液或碱液溅入眼中应立即用大量水冲洗；若为酸液，再用质量分数为1%的碳酸氢钠溶液冲洗；若为碱液，则再用质量分数为1%的硼酸溶液冲洗；最后用水冲洗。重伤者经初步处理后，立即送医院。

（3）溴液溅入眼中　溴液溅入眼中按酸液溅入眼中事故方法作急救处理，然后立即送医院。

（4）皮肤被酸、碱或溴液灼伤　被酸或碱液灼伤时，伤处首先用大量水冲洗；若为酸液灼伤，再用饱和碳酸氢钠溶液冲洗；若为碱液灼伤，则再用质量分数为1%的醋酸洗；最后都用水洗，再涂上药品凡士林。被溴液灼伤时，伤处立即用石油醚冲洗，再用质量分数为2%的硫代硫酸钠溶液冲洗，然后用蘸有油的棉花擦，再敷以油膏。

第二节　实验课程要求

1. 实验室一般注意事项

（1）遵守实验室的各项制度，听从教师的指导，尊重实验室工作人员的职权。
（2）保持实验室整洁。在整个实验过程中，保持桌面和仪器的整洁，保持水槽干净。
（3）不得将废液等倒入下水槽。
（4）公用仪器和工具在指定地点使用，公用药品不能任意挪动，要爱护仪器，节约药品。
（5）实验完毕离开实验室时，应关闭水、电、气体、门、窗等。

2. 实验要求

为了保证实验的顺利进行，以达到预期的目的，要求学生必须做到如下几点：
（1）充分预习　实验前要查阅有关手册和参考资料，掌握原料和产品的物性数据，了解实验原理和步骤，做好预习并完成预习报告。
（2）认真操作　实验时要认真操作，仔细观察各种现象，积极思考，注意安全，保持整洁。不得脱岗。
（3）做好记录　实验过程中，要及时、准确地记录实验现象和数据，以便对实验现象做出分析和解释。切不可在实验结束后补写实验记录。
（4）书写报告　实验结束后及时写实验报告，实验报告一般应包括：实验日期、同组者、实验名称、实验目的、实验原理、仪器药品、操作步骤、结果与讨论、意见和建议等。报告应力求条理清楚、文字简练、结论明确、书写规范。

第三节　实验数据处理

实验过程中所测得的数据由于受分析方法、仪器、试剂、操作者及偶然因素等影响都难以做到绝对准确，总是存在一定的误差，这就需要对实验结果的可靠性作出合理判断并予以正确表达。

1. 绝对误差和相对误差

测量值和真实值之差称为测量误差。测量误差可用两种方法表示，即绝对误差和相对误差。绝对误差是测量值与真实值之差，以测量值的单位为单位，可以是正值，也可以是负值。测量值越接近真实值，绝对误差越小；反之，则越大。相对误差是以真实值的大小为基础来表示误差值，可反映误差在测量值中所占的比例，不受测量值单位的影响。实际工作中，常使用相对误差。

2. 系统误差和偶然误差

根据误差的性质，误差可分为系统误差和偶然误差两大类。
（1）系统误差也称可定误差，它是由于某种确定的原因引起的，一般有固定的方向（正或负)和大小,重复测定时重复出现。根据系统误差的来源,又可分为方法误差、仪器误差、试剂误差及操作误差等。方法误差是由分析方法本身不完善或选用不当所造成的;对方法误差较大的分析方法必须寻找新的方法加以改正。仪器误差是由于仪器不够准确造成的误差,可通过预先校正仪器,选用符合要求的仪器或求出其校正值加以克服。试剂误差是由于试剂不纯而造成的误差,可以通过更换试剂来克服,也可用"空白试验"方法测知误差的大小加以校正。操作误差是由于操作者操作不符合要求造成的误差,可通过作对照试验或请有经验的分析人员校正而减免。

(2) 偶然误差也称不可定误差或随机误差,它是由偶然原因所引起的,其大小和正负都不固定,但多次测定就会发现绝对值大的误差出现的概率小,绝对值小的误差出现的概率大,正、负偶然误差出现的概率大致相同。所以,可通过增加平行测定的次数来减少测定的偶然误差。

3. 有效数字

在科学试验中,对于任一物理量的测定,其准确度都是有一定限度的。测量值的记录,必须与测量的准确度相符合。在实验中实际能测量到的数字称为有效数字。在记录有效数字时,规定只允许数字的最末一位欠准,而且只能上下差1。确定有效数字的位数,要根据测量所能达到的准确度来考虑。所以,在记录测量值时,一般只保留一位可疑数值,不可夸大。超过有效数字的位数再多,也不能提高结果可靠性,反而会给运算带来麻烦。

从0到9的10个数字中,只有0既可以是有效数字,也可以是只作定位用的无效数字,其余的数字都只能作有效数字。

(1) 有效数字的修约　在数据处理时,各个测量值的有效数字位数可能不同,为便于运算,应按一定规则舍弃多余的尾数。舍弃多余的尾数,称为有效数字的修约,其主要原则有:①四舍六入五成双。测量值中被修约的那个数等于或小于4时舍弃,等于或大于6时进位。等于5且5后无数时,若进位后测量值的末位数成偶数,则进位;若进位后测量值的末位数成奇数,则舍弃。若5后还有数,说明修约数比5大,宜进位。②只允许对原测量值一次修约至所需位数,不能分次修约。例如将2.15491修约为三位数,不能先修约成2.155后再修约成2.16,只能一次修约为2.15。③运算过程中,为了减少舍入误差,可多保留一位有效数字(不修约),待算出结果后,再按修约规则,将结果修约至应有的有效数字位数。④在修约标准偏差值或其他表示不确定度时,修约的结果应使准确度的估计值变得更差一些,例如0.213,若取两位有效数字,宜修约为0.22,取一位则为0.2。

(2) 有效数字的运算法则　在计算分析结果时,每个测量值的误差都要传递到结果中去。必须根据误差传递规律,按照有效数字运算法则,合理取舍,才不致影响结果准确度的表达。

在做数学运算时,有效数字的处理,加减法与乘除法不同。做加减法是各数值绝对误差的传递,所以结果的绝对误差必须与各数中绝对误差最大的那个相当。通常为了便于计算,可按照小数点后位数最少的那个数保留其他各数的位数,然后再相加减。

在乘除法中,因是各数值相对误差的传递,所以结果的相对误差必须与各数中相对误差最大的那个相当。通常为了便于计算,可按照有效数字位数最少的那个数保留其他各数的位数,然后再相乘除。

第二章 药物分析实验

药物分析实验是药物分析课程的重要组成部分，是理论联系实际的重要环节，旨在培养学生树立药品质量观念，熟悉药品检验程序并培养学生具有检验常用的药物及制剂的能力。药物分析实验的主要内容包括药品的质量标准、药物鉴别的常用方法及原理、药物杂质检查的原理和方法、常见药物的含量测定技术、药物制剂的分析与检验技术等。通过药物分析实验课的学习，学生应达到以下要求：

1. 全面了解药物分析工作的程序及各环节的要求。
2. 掌握药物分析常用方法的基本原理及操作技术。
3. 能运用本课程基本理论及有关专业知识分析和解决实验中的问题。
4. 培养实事求是的科学态度和严谨认真的工作作风。

为此，要求学生实验前必须预习，明确实验目的，了解实验内容与方法，考虑实验中应注意的事项及合理安排实验进程。实验过程中应认真操作，仔细观察实验现象，作好原始记录，认真分析实验结果，力求得到准确可靠的结论。

实验一 葡萄糖的一般杂质检查

一、实验目的

1. 了解药物中一般杂质检查的目的和意义。
2. 掌握葡萄糖中一般杂质检查的项目和限量计算方法。
3. 掌握葡萄糖中氯化物、硫酸盐、铁盐、重金属、砷盐及炽灼残渣限量检查的原理和操作方法。

二、基本原理

1. 葡萄糖的鉴别方法

葡萄糖分子中具有醛基，与温热的碱性酒石酸铜试液反应，即生成红色的氧化亚铜沉淀。

2. 氯化物检查法

是指药物中微量氯化物在硝酸溶液中与硝酸银试液作用，生成氯化银而显白色浑浊，与一定量的标准氯化钠溶液在相同条件下用同法处理生成的氯化银浑浊程度相比较，以测定供试品中氯化物的限量。

$$Cl^- + Ag^+ \longrightarrow AgCl \downarrow$$

3. 硫酸盐检查法

药物中微量硫酸盐与氯化钡在酸性溶液中作用生成的白色浑浊，同一定量的标准硫酸钾溶液与氯化钡试液在相同的条件下生成的浑浊比较，以判断药物中硫酸盐的限量。

$$SO_4^{2-} + Ba^{2+} \longrightarrow BaSO_4 \downarrow$$

4. 铁盐检查法

药物中三价铁盐在酸性溶液中与硫氰酸盐生成红色可溶性的硫氰酸铁络离子，与一定量的标准铁溶液用同法处理后进行比色，以判断供试品中三价铁盐的限量。

$$Fe^{3+} + 6SCN^- \longrightarrow [Fe(SCN)_6]^{3-}$$

5. 重金属检查法

重金属是指在弱酸性（pH 3~3.5）溶液中，能与硫代乙酰胺或硫化钠作用生成硫化物的杂质，如银、铅、汞、铜、镉、砷、锡、锌、钴、镍等。在药品生产过程中，遇到铅的机会较多，铅又易蓄积中毒，故检查时以铅为代表。

硫代乙酰胺能在弱酸性溶液中水解，产生硫化氢，可与重金属离子作用，呈有色硫化物混悬液，与一定量的对照标准溶液经同法处理后的颜色比较，以控制药品中重金属含量。

$$CH_3CSNH_2 + H_2O \longrightarrow CH_3CONH_2 + H_2S$$
$$Pb^{2+} + H_2S \longrightarrow PbS \downarrow + 2H^+$$

6. 砷盐检查法

《中国药典》（2020年版）采用古蔡氏法检查砷盐。其原理是利用金属锌与酸作用产生新生态的氢，与药物中微量砷盐作用生成具挥发性的砷化氢，遇溴化汞试纸，产生黄色至棕色的砷斑，与定量标准砷溶液所生成的砷斑比较，以判定药物中砷盐的含量。

$$AsO_3^{3-} + 3Zn + 9H^+ \longrightarrow AsH_3 \uparrow + 3Zn^{2+} + 3H_2O$$
$$AsH_3 + 2HgBr_2 \longrightarrow 2HBr + AsH(HgBr)_2 \text{（黄色）}$$
$$AsH_3 + 3HgBr_2 \longrightarrow 3HBr + As(HgBr)_3 \text{（棕色）}$$

五价砷在酸性溶液中也能被金属锌还原为砷化氢，但生成砷化氢的速度较三价砷慢，故在反应液中加入碘化钾及酸性氯化亚锡将五价砷还原为三价砷，碘化钾被氧化生成碘，碘又可被氯化亚锡还原为碘离子。

$$AsO_4^{3-} + 2I^- + 2H^+ \longrightarrow AsO_3^{3-} + I_2 + H_2O$$
$$AsO_4^{3-} + Sn^{2+} + 2H^+ \longrightarrow AsO_3^{3-} + Sn^{4+} + H_2O$$
$$I_2 + Sn^{2+} \longrightarrow 2I^- + Sn^{4+}$$

溶液中的碘离子，又可与反应中产生的锌离子生成稳定的络离子，有利于生成砷化氢的反应不断进行。

$$4I^- + Zn^{2+} \longrightarrow ZnI_4^{2-}$$

7. 炽灼残渣检查法

有机药物经炽灼炭化，再加硫酸湿润，低温加热至硫酸蒸气除尽后，于高温（700~800℃）炽灼至完全灰化，使有机物破坏分解变为挥发性物质逸出，残留的非挥发性无机杂质（多为金属的氧化物或无机盐类）成为硫酸盐，称为炽灼残渣。

三、实验材料与仪器设备

1. 实验材料

葡萄糖、碱性酒石酸铜试液、稀硝酸、标准氯化钠溶液（10μg/mL）、硝酸银试液、稀盐酸、标准硫酸钾溶液（100μg/mL）、25%氯化钡溶液、硝酸、硫氰酸铵溶液、标准铁溶液（含Fe 10μg/mL）、标准铅溶液（含Pb 10μg/mL）、醋酸盐缓冲液（pH 3.5）、稀焦糖溶液、硫代乙酰胺试液、稀硫酸、溴化钾溴试液、盐酸、碘化钾试液、酸性氯化亚锡试液、锌粒、醋酸铅棉花、溴化汞试纸、标准砷溶液（含As 1μg/mL）等。

2. 仪器与设备

50mL纳氏比色管、试砷瓶、马弗炉、电子天平等。

四、实验内容

1. 鉴别

取本品约0.2g，加水5mL溶解后，缓缓滴入温热的碱性酒石酸铜试液中，即产生氧化亚铜红色沉淀。

2. 检查

（1）氯化物 取本品0.60g，加水溶解使成25mL（溶解如显碱性，可滴加硝酸使成中性），再加稀硝酸10mL；溶液如不澄清，应滤过；置50mL纳氏比色管中，加水使成约40mL，摇匀，即得供试溶液。另取标准氯化钠溶液（10μg/mL）6.0mL，置50mL纳氏比色管中，加稀硝酸10mL，加水使成40mL，摇匀，即得对照溶液。于供试溶液与对照溶液中，分别加入硝酸银试液1.0mL，用水稀释使成50mL，摇匀，在暗处放置5min，同置黑色背景上，从比色管上方向下观察，比较，供试溶液不得比对照溶液更浓（0.01%）。

（2）硫酸盐 取本品2.0g，加水溶解使成约40mL（溶液如显碱性，可滴加盐酸使成中性）；溶液如不澄清，应滤过；置50mL纳氏比色管中，加稀盐酸2mL，摇匀，即得供试溶液。另取标准硫酸钾溶液（100μg/mL）2.0mL，置50mL纳氏比色管中，加水使成约40mL，加稀盐酸2mL，摇匀，即得对照溶液，于供试溶液与对照溶液中，分别加入25%的氯化钡溶液5mL，用水稀释至50mL，充分摇匀，放置10min，同置黑色背景上，从比色管上方向下观察，比较，供试溶液不得比对照溶液更浓（0.01%）。

（3）铁盐 取本品2.0g，置50mL纳氏比色管中，加水20mL溶解后，加硝酸3滴，缓缓煮沸5min，放冷，加水稀释使成45mL，加硫氰酸铵溶液（30→100）3mL，摇匀，如显色，与标准铁溶液（含Fe 10μg/mL）2.0mL用同一方法制成的对照溶液比较，不得更深（0.001%）。

（4）重金属 取50mL纳氏比色管两支（甲、乙），甲管中加标准铅溶液（含Pb 10μg/mL）一定量与醋酸盐缓冲液（pH 3.5）2mL，加水稀释至25mL。取本品4.0g，置于乙管中，加适量水溶解后，加醋酸盐缓冲液（pH 3.5）2mL，用水稀释至25mL。若供试液带颜色，可在甲管中滴加少量的稀焦糖溶液或其他无干扰的有色溶液，使之与乙管一致；再在甲、乙两管中分别加硫代乙酰胺试液各2mL，摇匀，放置2min，同置白纸上，自上向下透视，乙管中显出的颜色与甲管比较，不得更深（含重金属不得过0.0005%）。

（5）砷盐 取本品2.0g，置试砷瓶（图2-1）中，加水5mL溶解后，加稀硫酸5mL与溴化钾溴试液 0.5mL,置水浴上加热约 20min,使保持稍过量的溴存在,必要时,再补加溴化钾溴试液适量,并随时补充蒸散的水分,放冷,加盐酸 5mL 与水适量使成 28mL,加碘化钾试液 5mL 与酸性氯化亚锡试液 5 滴。在室温放置 10min 后,加锌粒 2g,迅速将瓶塞塞紧(瓶塞上已置有醋酸铅棉花及溴化汞试纸的试砷瓶),并在 25～40℃的水浴中反应 45min,取出溴化汞试纸,将生成的砷斑与一定量标准砷溶液制成的标准砷斑比较,颜色不得更深(0.0001%)。

标准砷斑的制备:精密量取标准砷溶液(含 As 1μg/mL)2mL,置另一试砷瓶中,加盐酸 5mL 与水 21mL,照上述方法自"加碘化钾试液 5mL"起,依法操作,即得标准砷斑。

图 2-1 中 A 为 100mL 标准磨口锥形瓶;B 为中空的标准磨口塞,上连导气管 C(外径 8.0mm,内径 6.0mm),全长约 180mm;D 为具孔的有机玻璃旋塞,其上部为圆形平面,中央有一圆孔,孔径与导气管 C 的内径一致,其下部孔径与导气管 C 的外径相适应,将导气管 C 的顶端套入旋塞下部内,并使管壁与旋塞的圆孔相吻合,黏合固定;E 为中央具有圆孔(孔径 6.0mm)的有机玻璃旋塞盖,与 D 紧密吻合。

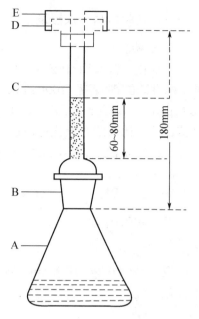

图 2-1 试砷瓶示意图

(6)炽灼残渣 取本品 1.0g,置已炽灼至恒重的坩埚中,精密称定,斜置于通风柜内的电炉上,缓缓炽灼至完全炭化(检品全部成黑色,并不冒浓烟),放冷至室温,加硫酸 0.5～1mL 使其湿润,低温加热至硫酸蒸气除尽后,放入高温炉中,盖子斜盖于坩埚上于 700～800℃炽灼使完全灰化。待温度降低时取出,放在内铺洁净白瓷板的带盖珐琅盘内或坩埚架上,稍冷后移至干燥器内,放冷至室温,精密称定后,再在 700～800℃炽灼至恒重,即得。所得炽灼残渣不得超过 0.1%。

五、注意事项

1. 药物杂质检查必须按规定的检查条件进行,严格遵守平行原则。平行原则是指样品与标准品必须在同一条件下进行反应与比较。即应尽量选择体积、口径和色泽相同的比色管,在同一光源、同一衬底上,以相同的方式(一般是自上而下)观察,加入的试药种类、用量、顺序和反应时间等应一致。

2. 纳氏比色管的选择:比色或比浊操作,一般均应在纳氏比色管中进行。因此在选择比色管时,应注意样品管与标准管的体积相等,玻璃色质一致,最好不带任何颜色,管上的刻度均匀,高低一致,如有差别,不得超过 2mm。

3. 比色、比浊前应使比色管内试剂充分混匀。比色方法是将两管同置于白色背景上,从侧面或自上而下观察;比浊方法是将两管同置于黑色背景上,从上向下垂直观察。

4. 砷盐检查时,取用的样品管与标准管应力求一致,管的长短、内径一定要相同,以免生成的色斑大小不同,影响比色。锌粒加入后,应立即将试砷管盖上,塞紧,以免 AsH_3 气体逸出。

5. 炽灼残渣时，应注意在炭化时，需要将坩埚斜置，先滴加少量硫酸，使样品部分润湿，然后小火缓缓炭化，稍冷，再补加数滴硫酸，继续小火炭化至硫酸蒸气完全除尽。切不可直接加热坩埚底部使供试品全部受热起泡，所用的硫酸应做空白试验。

6. 杂质限量是指药物中允许存在杂质的最大量。其定义式为：

$$杂质限量 = \frac{杂质允许存在量}{供试品量} \times 100\%$$

7. 药物的杂质检查是限度检查，合格者仅说明其杂质量在药品质量标准允许范围内，并不说明药品中不含该项杂质。

六、思考题

1. 杂质检查的意义是什么？一般杂质检查的主要项目有哪些？
2. 药物杂质检查应严格遵循什么原则？
3. 氯化物、重金属检查中的操作注意事项有哪些？
4. 炽灼残渣测定的关键点是什么？恒重的概念和意义是什么？

实验二　牛黄解毒片的鉴别

一、实验目的

1. 掌握中药制剂定性分析的一般原理和方法。
2. 掌握牛黄解毒片定性鉴别的原理及有关操作。

二、基本原理

牛黄解毒片的处方为：人工牛黄 5g、雄黄 50g、石膏 200g、大黄 200g、黄芩 150g、桔梗 100g、冰片 25g、甘草 50g。

显微鉴别法利用显微镜来观察中药制剂中原药材的组织、细胞或内含物等特征，从而鉴别制剂的处方组成。凡以药材粉碎后直接制成制剂或添加有粉末药材的制剂，由于其在制作过程中原药材的显微特征仍保留在制剂中，因此均可用显微鉴别法进行鉴别。本实验用显微鉴别法鉴别大黄和雄黄。

微量升华法可用于鉴别中药制剂中具有升华性质的化学成分，这类成分在一定温度下能升华而与其他成分分离，升华物在显微镜下观察有一定形状，或在可见光下观察有一定颜色，或在紫外光下直接观察或者加一定试剂后将显出不同颜色荧光。本实验采用微量升华法鉴别冰片，冰片的升华物加一定试剂处理后显出不同颜色。

显色反应主要利用颜色反应鉴别中药制剂的组成。本实验利用黄酮类成分和蒽醌类成分的显色反应鉴别黄芩和大黄。黄酮类成分在镁粉与盐酸作用下易被还原，迅速生成红色；蒽醌类成分遇碱液显红色，在酸性溶液中被还原则显黄色。

薄层色谱法是将样品和对照品在同一条件下进行分离分析，观察样品在对照品相同斑点位置处是否有同一颜色（或荧光）的斑点，来确定样品中有无要检出的成分，见图 2-2，由于各组分在固定相和流动相间的平衡常数不同而实现混合成分的分离。用比移值即 R_f 值表示各组分的保留特性。R_f值的定义为：R_f=原点至色谱斑点中心的距离 a/原点至溶剂前沿的距离 b。

本实验用薄层色谱法鉴别人工牛黄的组分胆酸和猪去氧胆酸。采用10%硫酸乙醇溶液显色，加热显色后，放冷，在紫外灯（365nm）下检视，胆酸呈黄绿色荧光，猪去氧胆酸呈淡蓝色荧光。

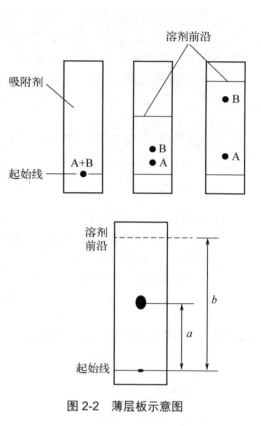

图 2-2 薄层板示意图

三、实验材料与仪器设备

1. 实验材料

牛黄解毒片、胆酸标准品、猪去氧胆酸标准品、硫酸、水合氯醛、香草醛等。

2. 仪器与设备

显微镜、365nm 紫外灯等。

四、实验内容

1. 大黄和雄黄的显微鉴别

取本品1片，研细，取少许置载玻片上，滴加适量水合氯醛试液，溶化后加稀甘油1滴，盖上载玻片，用吸水纸吸干周围透出液，置显微镜下观察：草酸钙簇晶大，直径60～140μm（大黄）；不规则碎块金黄色或橙黄色，有光泽（雄黄）。

2. 冰片的微量升华鉴别

取本品1片，研细，进行微量升华，所得白色升华物，加新配制的1%香草醛硫酸溶液1～2滴，液滴边缘渐显玫瑰红色。

3. 黄芩和大黄的显色反应鉴别

取本品6片，研细，加乙醇10mL，温热10min，滤过，取滤液5mL，加少量镁粉与盐酸0.5mL，加热，即显红色（黄芩）；另取滤液4mL，加氢氧化钠溶液，即显红色，再加浓过氧化氢溶液（30%H_2O_2），加热，红色不消失，加酸成酸性时，则红色变为黄色（大黄）。

4. 牛黄的薄层色谱鉴别

取本品2片，研细，加氯仿10mL，超声提取30min，滤过，滤液蒸干，加乙醇0.5mL溶解，作为供试品溶液。另取胆酸、猪去氧胆酸对照品，分别加乙醇制成每1mL含1mg的溶液，作为对照溶液。按薄层色谱法，吸取上述三种溶液各5μL，分别点于同一硅胶G薄层板上，以正己烷-醋酸乙酯-醋酸-甲醇（20∶25∶2∶3）的上层溶液为展开剂，展开，取出，晾干，喷以10%硫酸乙醇溶液，在105℃下干燥10min，置紫外灯（365nm）下检视，供试品色谱应在与对照品色谱相应的位置上呈现相同颜色的两个荧光斑点。

五、注意事项

1. 牛黄解毒片有素片和糖衣片两种，糖衣片应先除去糖衣，然后进行鉴别试验。

2. 薄层色谱鉴别采用10%硫酸乙醇溶液显色，由于硫酸吸水性强，阴雨天操作斑点易扩散，故加热显色后，应立即置紫外灯下检视。

3. 部分溶液的配制

（1）水合氯醛试液　取水合氯醛50g，加水15mL与甘油10mL使溶解，即得。

（2）稀甘油　取甘油33mL，加水稀释至100mL，再加适量樟脑或液化苯酚，即得。

（3）1%香草醛硫酸溶液　取香草醛0.1g，加硫酸10mL使溶解，即得。

（4）10%硫酸乙醇溶液　取硫酸57mL，加乙醇稀释至1000mL，即得。

六、思考题

1. 中药制剂定性鉴别的方法有哪些？各有何特点？
2. 中药制剂一般药味较多，目前逐一鉴别有困难，你认为应如何选择主要鉴别对象？

实验三　阿司匹林原料药的含量测定

一、实验目的

1. 掌握直接滴定法测定阿司匹林含量的原理。
2. 巩固容量分析实验操作技能。

二、基本原理

基于阿司匹林游离羧基的酸性（其电离平衡常数 $K_a = 3.27 \times 10^{-4}$），可采用碱滴定液直接滴定。当滴定至化学计量点时，其反应产物在溶液中显微碱性，可用酚酞作指示剂。

三、实验材料与仪器设备

1. 实验材料

阿司匹林、三氯化铁试液、中性乙醇、酚酞指示液、氢氧化钠滴定液（0.1mol/L）等。

2. 仪器与设备

电子天平、250mL锥形瓶、碱式滴定管等。

四、实验内容

1. 鉴别

取本品（阿司匹林）约0.1g，加水10mL，煮沸，放冷，加三氯化铁试液1滴，即显紫堇色。

2. 含量测定

取本品（阿司匹林）约0.4g，精密称定，加中性乙醇（对酚酞指示液显中性）20mL，溶解后，加酚酞指示液3滴，用氢氧化钠滴定液（0.1mol/L）滴定至溶液显粉红色。每1mL氢氧化钠滴定液（0.1mol/L）相当于18.02mg的 $C_9H_8O_4$（阿司匹林）。

五、注意事项

1. 阿司匹林的酯结构在滴定时易水解而使测定结果偏高，故需要在中性乙醇溶液中溶解样品后进行滴定,且滴定时应在不断振摇下较快地进行滴定,以防止局部碱度过大而促进其水解。

2. 试验表明,在 0~40℃内,温度对测定结果几乎没有影响。
3. 供试品中水杨酸含量必须合格,才能用此法进行样品的测定,否则结果会偏高。
4. 本品是弱酸,用强碱滴定,化学计量点偏碱性,故应选酚酞作指示剂。

六、思考题

1. 含量测定时,为什么加中性乙醇溶解供试品?如何配制中性乙醇?
2. 本法适用于水杨酸含量较高的样品测定吗?

实验四　盐酸小檗碱片的分析

一、实验目的

1. 熟悉片剂分析的项目和方法。
2. 掌握氧化还原滴定法测定盐酸小檗碱片含量的原理与操作。

二、基本原理

盐酸小檗碱片为黄色片或糖衣片,本品含盐酸小檗碱($C_{20}H_{18}ClNO_4 \cdot 2H_2O$)的量应为标示量的 93.0%~107.0%。盐酸小檗碱的结构式为:

1. 鉴别
(1) 碱性溶液与丙酮作用生成沉淀　本品水溶液与氢氧化钠试液作用生成季铵碱型小檗碱而呈橙红色,再与丙酮作用生成黄色的丙酮小檗碱沉淀。
(2) 氧化显色　本品溶于稀盐酸,可被漂白粉氧化而显樱红色。
(3) 与没食子酸作用而显色　本品溶于硫酸,再与没食子酸的乙醇溶液作用,水浴加热后显亮绿色。
2. 含量测定
在酸性条件下,盐酸小檗碱可与重铬酸钾发生氧化还原反应。因此,本品可以用定量过量的重铬酸钾氧化后,剩余重铬酸钾以间接碘量法测定,即剩余的重铬酸钾将碘化钾氧化为碘,再用硫代硫酸钠滴定碘,便可测出剩余的重铬酸钾滴定液的体积,并以空白试验校正,测出重铬酸钾滴定液的总体积。空白试验和样品试验两次体积之差,即为氧化供试品所消耗的重铬酸钾滴定液的体积。

三、实验材料与仪器设备

1. 实验材料

氢氧化钠试液，丙酮，漂白粉，5%没食子酸的乙醇溶液，0.01667mol/L 重铬酸钾滴定液，碘化钾，淀粉指示液，0.1mol/L 硫代硫酸钠滴定液等。

2. 仪器与设备

酸式滴定管，铁架台，电子天平（万分之一）等。

四、实验内容

1. 鉴别

（1）取本品约 0.1g，加水 10mL，缓缓加热溶解后，过滤，滤液备用，加氢氧化钠试液 4 滴，放冷（必要时过滤），加丙酮 8 滴，即发生浑浊。

（2）取本品约 5mg，加稀盐酸 2mL，搅拌，加漂白粉少量，即显樱红色。

（3）取本品约 2mg，置白瓷皿中，加硫酸 1mL 溶解后，加 5%没食子酸的乙醇溶液 5 滴，置水浴上加热，溶液显亮绿色。

2. 含量测定

取本品 20 片（如为糖衣片，注意去除糖衣），精密称定，研细，精密称取适量（约相当于盐酸小檗碱 0.3g），置烧杯中，加沸水 150mL，搅拌，使盐酸小檗碱溶解，放冷，移入 250mL 容量瓶中，精密加重铬酸钾滴定液 50mL，加水至刻度，振摇 5min，用干燥滤纸滤过，精密量取续滤液 100mL，置 250mL 具塞锥形瓶中，加碘化钾 2g，振摇使溶解，加盐酸溶液 10mL，密塞，摇匀，在暗处放置 10min，用硫代硫酸钠滴定液滴定，至近终点时，加淀粉指示液 2mL，继续滴定至蓝色消失，溶液呈亮绿色，并将滴定结果用空白试验校正。每 1mL 重铬酸钾滴定液相当于 12.39mg 的 $C_{20}H_{18}ClNO_4 \cdot 2H_2O$。

五、思考题

1. 简述盐酸小檗碱片鉴别试验的原理。
2. 用氧化还原滴定法测定药物含量时需要注意哪些方面？
3. 在硫代硫酸钠滴定碘的过程中，为什么必须在近终点时，才可以加入淀粉指示剂？

实验五　双波长分光光度法测定复方磺胺甲噁唑片中磺胺甲噁唑及甲氧苄啶的含量

扫码看视频

一、实验目的

1. 掌握双波长分光光度法的基本原理和复方制剂不经分离直接测定各组分含量的方法。
2. 掌握双波长分光光度法测定复方磺胺甲噁唑片中磺胺甲噁唑与甲氧苄啶含量的方法与操作。

二、基本原理

磺胺甲噁唑（SMZ）和甲氧苄啶（TMP）的结构分别为：

$$\text{H}_2\text{N}-\text{C}_6\text{H}_4-\text{SO}_2\text{NH}-\text{isoxazole-CH}_3 \quad (\text{SMZ})$$

$$\text{(TMP structure)}$$

双波长分光光度法是通过选择两个测定波长 λ_1 与 λ_2，使干扰组分 a 在这两个波长处有等吸收，而待测组分 b 在这两个波长处吸收度有显著的差别，用这样两个波长测定混合物的吸收度之差 ΔA（选 λ_1 作参比波长，λ_2 作测定波长，可直接读出 ΔA），该差值与待测物浓度成正比，而与干扰物浓度无关。

复方磺胺甲噁唑片是含磺胺甲噁唑（SMZ）和甲氧苄啶（TMP）的复方片剂。在 0.1mol/L 氢氧化钠溶液中，SMZ 和 TMP 的吸收光谱重叠，SMZ 在 257nm 波长处有最大吸收。TMP 在此波长吸收最小并在 304nm 波长附近有一等吸收点，故选 257nm 为测定波长，在 304nm 附近选择供测定的参比波长。TMP 在 239nm 处有较大吸收，此波长又是 SMZ 的最小吸收峰，且在 295nm 附近有一等吸收点，故选定 239nm 为测定波长，在 295nm 附近选择供测定的参比波长，从而分别求出 SMZ 和 TMP 的含量。

三、实验材料与仪器设备

1. 实验材料

复方磺胺甲噁唑片、乙醇、SMZ 对照品、TMP 对照品、0.4%氢氧化钠溶液、盐酸-氯化钾溶液等。

2. 仪器与设备

紫外分光光度计、电子天平、研钵、100mL 容量瓶、漏斗、滤纸、2mL 刻度吸管、滴管等。

四、实验内容

1. 磺胺甲噁唑的测定

取本品 2 片，精密称定，研细，精密称取适量（约相当于 SMZ 50mg 与 TMP 10mg），置于 100mL 容量瓶中，加乙醇适量，振摇 15min 使 SMZ 与 TMP 溶解，加乙醇稀释至刻度，摇匀，滤过，取续滤液作为供试品溶液。另精密称取在 105℃干燥至恒重的 SMZ 对照品 50mg 与 TMP 对照品 10mg，分别置 100mL 容量瓶中，各加乙醇溶解并稀释至刻度，摇匀，分别作为对照品溶液（1）与对照品溶液（2）。精密量取供试品溶液与对照品溶液（1）、（2）各 2mL，分别置 100mL 容量瓶中，各加 0.4%氢氧化钠溶液稀释至刻度，摇匀，得到供试品与对照品溶液（1）、（2）的稀释液。按照分光光度法，取对照品溶液（2）的稀释液，以 257nm 为测定波长（λ_2），在 304nm 波长附近选择等吸收点波长为参与波长（λ_1），要求 $\Delta A = A_{\lambda_2} - A_{\lambda_1} = 0$。再在 λ_2 与 λ_1 波长处分别测定供试品溶液的稀释液与对照品溶液（1）的稀释液的吸光度，求出各自的吸光度差值（ΔA），计算，即得。

2. 甲氧苄啶的测定

精密量取上述供试品溶液与对照品溶液（1）、（2）各 5mL，分别置 100mL 容量瓶中，各加盐酸-氯化钾溶液（取 0.1mol/L 盐酸溶液 75mL 与氯化钾 6.9g，加水至 1000mL，摇匀）稀释至刻度，摇匀，得到供试品与对照品溶液（1）、（2）的稀释液。照分光光度法，取对照品溶液（1）的稀释液，以 239nm 为测定波长（λ_2），在 295nm 波长附近选择等吸收点波长为参比波长（λ_1），要求 $\Delta A=A_{\lambda_2}-A_{\lambda_1}=0$。再在 λ_2 与 λ_1 波长处分别测定供试品溶液的稀释液与对照品溶液（2）的稀释液的吸光度，求出各自的吸光度差值（ΔA），计算，即得。

本品每片中含磺胺甲噁唑（$C_{10}H_{11}N_3O_3S$）应为 0.360～0.440g，含甲氧苄啶（$C_{14}H_{18}N_4O_3$）应为 72.0～88.0mg。

五、注意事项

1. 仪器适应性：仪器狭缝不得大于 1nm。如使用自动扫描仪，波长重现性不得大于 0.2nm，如使用手动仪器时，波长调节器应同一方向旋转并时时用对照液核对等吸收点波长。

2. 为使片粉在乙醇中溶解完全，需振摇 15min，其中滑石粉等不溶物应滤过，否则影响紫外测定。

六、思考题

1. 双波长分光光度法波长选择的两个基本条件是什么？
2. 为何甲氧苄啶含量测定时供试液的稀释倍数与磺胺甲噁唑测定时的不同？
3. 试查阅本品的其他分析方法，从中了解复方制剂分析的特点及发展趋势。

实验六　维生素 B_1 片的含量测定

一、实验目的

1. 掌握差示分光光度法的原理。
2. 熟悉差示分光光度法的基本测定方法。

二、基本原理

差示分光光度法（ΔA 法）既保留了通常的分光光度法简易快速、直接读数的优点，又无需事先分离，并能消除干扰。其原理为在两种不同 pH 介质中或经适当的化学反应后，供试品中待测组分发生了特征性的光谱变化；而赋形剂或其他共存物则不受影响，光谱行为不发生变化，从而消除了它们的干扰。在测定时，取两份相等的供试溶液，经不同的处理后，一份置样品池中，另一份置参比池中，于适当的波长处，测其吸收度的差值，根据标准曲线计算出待测组分的含量。

三、实验材料与仪器设备

1. 实验材料

维生素 B_1 片，pH 7.0 缓冲液，pH 2.0 盐酸溶液等。

2. 仪器与设备

电子天平，研钵，称量瓶，50mL 容量瓶，100mL 容量瓶，紫外分光光度计等。

四、实验内容

1. 测定波长的选择

精密称取维生素 B_1 100mg，用水溶解并稀释至 100mL，精密量取 2.0mL 两份，分别用缓冲液（pH 7.0）和盐酸溶液（pH 2.0）稀释至 100mL（浓度为 0.002%），以相应溶剂为空白试剂，测定紫外吸收光谱。再将前者放于参比池，后者放于样品池，绘制差示吸收光谱。因在 247nm 处有最大差示吸收值（ΔA），故确定 247nm 为测定波长。

2. 标准曲线的绘制

精密称取干燥至恒重的维生素 B_1 100mg，置 100mL 容量瓶中，用水溶解并稀释至刻度，摇匀，作为贮备液。精密量取 1.0mL、1.5mL、2.0mL、2.5mL、3.0mL 贮备液各两份，分别置 100mL 容量瓶中。一份用缓冲液稀释至刻度，另一份用盐酸溶液稀释至刻度，摇匀。取上述五组浓度相同、pH 不同的溶液，在 247nm 处分别测定差示吸收值（ΔA）。以浓度 c 为横坐标，以差示吸收值 ΔA 为纵坐标绘制标准曲线。

3. 样品测定

取本品 20 片，精密称定，研细。精密称取适量粉末（约相当于维生素 B_1 50mg），置 50mL 容量瓶中，加水溶解并稀释至刻度，摇匀，滤过，弃去初滤液，精密量取续滤液 2.0mL 两份，分别置 100mL 容量瓶中，分别用缓冲液和盐酸溶液稀释至刻度，摇匀。将前者置参比池中，后者置样品池中，在 247nm 波长处测定差示吸收值。由标准曲线求得维生素 B_1 浓度，计算维生素 B_1 片含量（标示量%）。

本品含维生素 $B_1(C_{12}H_{17}ClN_4OS \cdot HCl)$ 的量应为标示量的 90.0%～110.0%。

五、注意事项

1. 缓冲液（pH7.0）配制：取磷酸二氢钾 0.68g，加氢氧化钠（0.1mol/L）29.1mL，用水稀释至 100mL，即得。

2. 本实验线性范围为 10～30μg/mL。

六、思考题

1. 试述差示分光光度法如何消除干扰物的影响。
2. 差示分光光度法与直接紫外法比较，在准确性、方法选择性上有何不同？

实验七　气相色谱法测定风油精中薄荷脑的含量

一、实验目的

1. 熟悉气相色谱仪的原理及使用。
2. 掌握外标法定量的方法。
3. 了解气相色谱法在药物分析中的应用。

扫码看视频

二、实验原理

气相色谱法系采用气体为流动相（载气）流经装有填充剂的色谱柱进行分离测定的

色谱方法。物质或其衍生物经汽化后，被载气带入色谱柱进行分离，各组分先后进入检测器，用记录仪、积分仪或数据记录处理系统记录色谱信号。气相色谱仪组成示意如图 2-3 所示。

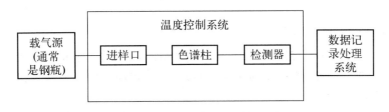

图 2-3 气相色谱仪组成示意图

① 气路系统 常用高压气瓶作载气源，气体经减压阀、流量控制器和压力调节器，然后通过色谱柱，由检测器排出，形成气路系统。整个系统应保持密封，不能漏气。

② 进样系统 安装在色谱柱的进气口之前，由两个部分组成，一个是进样口，另一个是加热系统，以保证样品的汽化。

③ 色谱分离系统 由色谱柱和控温室组成。

④ 检测系统 检测流动相中溶质组分的存在。目前已发展有七十多种检测器，如氢火焰离子化检测器、火焰光度检测器、电子捕获检测器、热导检测器等。它们可以将载气中被分离组分的浓度转变为电信号，由记录器记录成色谱图，从而进行定性和定量分析。

⑤ 数据记录处理系统 对色谱图所反映的信息进行分析处理。目前，应用微处理机可以很快地进行定性和定量。同时还可将色谱条件、定性和定量方法等储存于微处理机中，若将这些条件编成程序还可自动操作并调节各项参数。

⑥ 温度控制系统 对进样口、色谱分离室、检测室等处进行加热，并能自动控制温度的变化。

气相色谱对于分离挥发性物质的测定效果很好，但对热稳定性差以及挥发性很小的物质，如离子化合物、大分子化合物等的分离则无能为力，这就要借助于液相色谱。

外标法系用待测组分的物质配成不同浓度的标准溶液，取固定量的标准溶液进行分析，测量所得色谱峰的峰面积或峰高，然后以峰面积或峰高为纵坐标，浓度为横坐标，作出标准曲线，再按照制备标准曲线时的进样量取待测样品进行分析，测得信号（峰面积或峰高），从而计算该样品的含量。

风油精为旅行常备保健药品，主要含有薄荷脑、樟脑、水杨酸甲酯等挥发性成分，具有独特的植物芳香气味。本实验采用气相色谱法测定风油精中薄荷脑含量。根据同一物质在同一色谱柱上保留时间相同的原理，以薄荷脑为对照品，确定出样品液中薄荷脑峰的位置，再采用外标法测定风油精中薄荷脑含量。

三、实验材料与仪器设备

1. 实验材料

乙酸乙酯，风油精样品，薄荷脑对照品等。

2. 仪器与设备

气相色谱仪，电子天平，微量进样器等。

四、实验内容

1. 配制对照品贮备液

精密称取薄荷脑对照品 12mg，置 1mL 容量瓶中，用乙酸乙酯溶解并稀释至刻度，得 12mg/mL 贮备液。

2. 标准溶液的配制

分别取贮备液 50，100，200，300，400，500μL，用乙酸乙酯稀释定容至 1mL，得浓度分别为 0.6，1.2，2.4，3.6，4.8，6.0mg/mL 的系列标准溶液。

3. 样品溶液的配制

取风油精样品 50μL，放入 5mL 容量瓶中，用乙酸乙酯稀释至刻度。

4. 色谱条件

进样口温度：250℃，柱温：130℃，检测器温度：250℃，载气流速：2mL/min，氢气流速：35mL/min，空气流速：450mL/min，FID 检测器，进样量 1μL。

5. 样品测定

在同一色谱条件下，分别取系列标准溶液各 1μL 进样，得峰面积并对浓度作标准曲线。同一色谱条件下，样品溶液 1μL 进样，进样 3 次，取平均值。

6. 数据处理

从色谱图上自动积分，记录峰面积，代入回归方程，得稀释后的样品溶液浓度，乘以稀释倍数即得样品溶液的真实浓度，计算风油精中薄荷脑的含量。

五、注意事项

1. 使用气相色谱仪，应严格遵守操作规程。
2. 实验中，需严格控制进样量（外标法定量，进样量一定要准确）。
3. 标准样品应按从低浓度到高浓度的顺序进样。

六、思考题

1. 气相色谱分析中有哪几种定量方法？试简述各方法的优缺点。
2. 气相色谱中，为什么要先开载气，再加柱温，实验结束时，要先降温，再关闭载气？
3. 实验过程中载气流量变化对定量结果有何影响？

实验八　气相色谱法测定维生素 E 软胶囊中维生素 E 的含量

一、实验目的

1. 熟悉气相色谱仪的原理及使用。
2. 掌握内标法定量的方法。
3. 了解气相色谱法在药物分析中的应用。

二、实验原理

气相色谱法系采用气体为流动相（载气）流经装有填充剂的色谱柱进行分离测定的色谱

方法。维生素 E 为细胞膜上的重要组成成分，亦是细胞膜上的主要抗氧化剂。维生素 E 缺乏时会出现不同程度的溶血性贫血，血红蛋白降低，早产儿尤甚。本品为合成型或天然型维生素 E，合成型为(±)-2,5,7,8-四甲基-2-(4,8,12-三甲基十三烷基)-6-苯并二氢吡喃醇醋酸酯或 d-α-生育酚醋酸酯，天然型为(+)-2,5,7,8-四甲基-2-(4,8,12-三甲基十三烷基)-6-苯并二氢吡喃醇醋酸酯或 d-α-生育酚醋酸酯。《中华人民共和国药典》（以下简称《中国药典》）规定维生素 E 软胶囊中合成型或天然型维生素 E（$C_{31}H_{52}O_3$）含量应为标示量的 90.0%～110.0%。

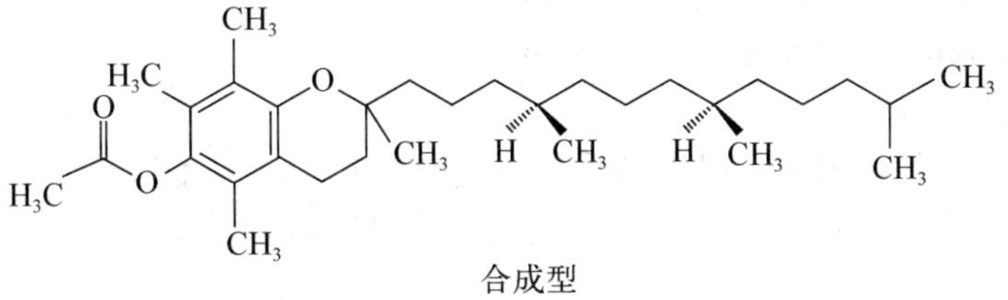

合成型

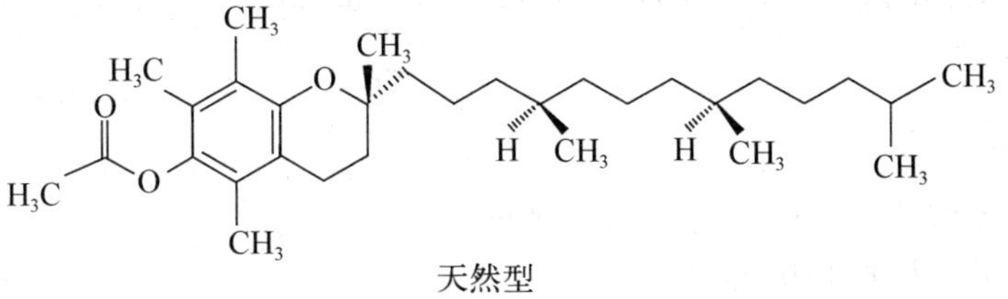

天然型

$C_{31}H_{52}O_3$ 472.75

内标法可以消除仪器与操作或制备样本时带来的误差。在精密称取样品后，加入一定量的内标物，然后制成适当溶液进样分析。根据样品和内标物的重量（质量）及其相应的峰面积比，求出某组分的含量。

三、实验材料与仪器设备

1. 实验材料

正己烷，正三十二烷，维生素 E 对照品，维生素 E 软胶囊等。

2. 仪器与设备

气相色谱仪，电子天平，微量进样器等。

四、实验内容

照气相色谱法（通则 0521）测定。

1. 内标物溶液的配制

精密称取内标物正三十二烷 50mg，置 50mL 容量瓶中，加正己烷溶解并稀释至刻度，得到浓度为 1mg/mL 的内标物溶液。

2. 对照品溶液的制备

精密称取维生素 E 对照品 20mg，置棕色具塞锥形瓶中，精密加入内标物溶液 10mL，密塞，振摇使溶解。

3. 供试品溶液的制备

取装量差异项下的内容物，混合均匀，取适量（约相当于维生素 E 20mg），精密称定，置棕色具塞锥形瓶中，精密加内标溶液 10mL，密塞，振摇使维生素 E 溶解，静置，取上清液。

4. 系统适用性溶液

取维生素 E 与正三十二烷各适量,加正己烷溶解并稀释制成每 1mL 中约含维生素 E 2mg 与正三十二烷 1mg 的混合溶液。

5. 色谱分离条件

用硅酮（OV-17）为固定液,涂布浓度为 2%的填充柱或用 100%二甲基聚硅氧烷为固定液的毛细管柱,进样口温度：275℃,柱温：265℃,FID 检测器温度 300℃,载气流速：2mL/min,氢气流速：35mL/min,空气流速：450mL/min。

6. 系统适用性要求

系统适用性溶液色谱图中,理论塔板数按维生素 E 峰计算不低于 500（填充柱）或 5000（毛细管柱）；维生素 E 与正三十二烷峰之间的分离度应符合要求。

7. 样品测定

精密量取供试品溶液与对照品溶液,分别注入气相色谱仪,记录色谱图。按内标法以峰面积计算。

五、注意事项

1. 使用气相色谱仪,应严格遵守操作规程。
2. 实验中,需严格控制进样量。
3. 装量差异。按照下述方法检查,应符合规定。

除另有规定外,取供试品 20 粒,分别精密称定,倾出内容物（不得损失囊壳）,软胶囊或内容物为半固体或液体的硬胶囊囊壳用乙醚等易挥发性溶剂洗净,置通风处使溶剂挥尽,再分别精密称定囊壳重量,求出每粒内容物的装量与平均装量。每粒装量与平均装量相比较（有标示装量的胶囊剂,每粒装量应与标示装量比较）,超出装量差异限度的不得多于 2 粒,并不得有 1 粒超出限度 1 倍。装量差异限度见表 2-1。

表 2-1 装量差异

平均装量或标示装量	装量差异限度
0.30g 以下	±10%
0.30g 及 0.30g 以上	±7.5%（中药±10%）

六、思考题

1. 气相色谱分析中有哪几种定量方法？试简述各方法的优缺点。
2. 气相色谱使用中,为什么要先开载气,再加柱温,实验结束时,要先降温,再关闭载气？
3. 若实验过程中,载气流量变化,对定量结果有何影响？
4. 简述内标法定量的原理、方法及特点。

实验九　炔诺孕酮片的高效液相色谱分析法

一、实验目的
1. 熟悉高效液相色谱仪的结构及正确使用。
2. 熟悉用内标法测定组分含量的方法。

二、基本原理
高效液相色谱法是一种现代液体色谱法，其基本方法是将具一定极性的单一溶剂或不同比例的混合溶液作为流动相，用泵将流动相注入装有填充剂的色谱柱，注入的供试品被流动相带入柱内进行分离后，各成分先后进入检测器，用记录仪或数据处理装置记录色谱图或进行数据处理，得到测定结果。由于应用了各种特性的微粒填料和加压的液体流动相，本法具有分离性能高、分析速度快的特点。液相色谱仪一般由输液系统、进样系统、分离系统、检测系统和输出系统组成。

内标法可以消除仪器与操作或制备样本时带来的误差。在精密称取样品后，加入一定量的内标物，然后制成适当溶液进样分析。根据样品和内标物的重量及其相应的峰面积比，求出某组分的含量。

三、实验材料与仪器设备
1. 实验材料

复方炔诺孕酮片，炔诺孕酮对照品，炔雌醇对照品，三氯甲烷（分析纯），甲醇（色谱纯），硫酸（分析纯），乙醇（分析纯），超纯水，乙腈（色谱纯）等。

2. 仪器与设备

高效液相色谱仪，电子天平，研钵，容量瓶，刻度吸管，超声清洗器等。

四、实验内容
1. 鉴别

取本品 1 片，研细，加三氯甲烷 5mL，充分搅拌，滤过，取滤液 1mL，置水浴上浓缩至 50μL，作为供试品溶液。另取炔诺孕酮对照品适量，用三氯甲烷溶解并稀释至每 1mL 中约含炔诺孕酮 1.2mg，作为对照品溶液。照薄层色谱法试验，吸取供试品溶液全量和对照品溶液 50μL，分别点于同一硅胶 G 薄层板上，以三氯甲烷-甲醇（9∶1）为展开剂，展开，晾干，喷以硫酸-无水乙醇（1∶1），在 105℃加热使显色。供试品溶液所显成分主斑点的颜色和位置应与对照品溶液的主斑点相同。

2. 含量测定

照高效液相色谱法测定。

（1）色谱条件与系统适用性试验　以十八烷基硅烷键合硅胶为填充剂，以水-乙腈（30∶70）为流动相，检测波长为220nm，理论塔板数按炔诺孕酮峰计算不低于3000，各成分峰与内标物质峰的分离度应符合要求。

（2）内标溶液的制备　取醋酸甲地孕酮适量，加乙腈制成每 1mL 中约含 1mg 的溶液，摇匀,即得。

(3) 测定方法　取本品 20 片,精密称定,研细,精密称取适量(约相当于炔诺孕酮 1.5mg),置 10mL 容量瓶中,精密加入内标溶液 1mL,加流动相适量,超声处理使溶解,放冷,用流动相稀释至刻度,摇匀,滤过,取续滤液 20μL 注入液相色谱仪,记录色谱图。另取炔诺孕酮对照品适量,精密称定,用乙腈溶解并定量稀释制成每 1mL 中约含有炔诺孕酮 1.5mg 的溶液,精密量取此溶液与内标溶液各 1mL,置 10mL 容量瓶中,加流动相稀释至刻度,摇匀,同法测定。按内标法以峰面积计算,即得。

五、注意事项

1. 薄层色谱展开时,应预先饱和,防止边缘效应,且应注意温度和空气湿度。
2. 流动相必须用色谱级的试剂,使用前过滤除去其中的颗粒性杂质和其他物质(使用 0.45μm 或更细的膜过滤)。

六、思考题

1. 内标法定量的原理、方法及特点是什么?
2. 系统中混入气泡,对测定有何影响?如何排除这些气泡?
3. 变换溶剂时,直接用一种互不相溶的溶剂替换前一种溶剂时,对色谱行为有何影响?如何消除这种影响?

实验十　高效液相色谱法测定醋酸地塞米松乳膏中醋酸地塞米松的含量

一、实验目的

1. 熟悉对乳膏基质干扰的排除方法。
2. 熟悉高效液相色谱仪的结构及正确使用。
3. 掌握外标法测定组分含量的方法。

二、基本原理

高效液相色谱(HPLC)法是一种现代液体色谱法,应用了各种特性的微粒填料和加压的液体流动相,具有分离性能高,分析速度快的特点。

用与待测组分同质的标准品作对照品,以对照品的量对比求算试样含量的方法称为外标法,只要待测组分出峰、无干扰、保留时间适宜,即可用外标法进行定量分析。在 HPLC 中,因进样量较大,且用六通阀定量进样,误差相对较小。用一种浓度的对照品溶液对比求算样品含量的方法,称为外标一点法,是 HPLC 常用定量分析方法之一。

三、实验材料与仪器设备

1. 实验材料

醋酸地塞米松对照品,醋酸地塞米松乳膏,甲醇等。

2. 仪器与设备

高效液相色谱仪，电子天平，匀浆机，有机相滤膜，微量进样器，移液管，容量瓶等。

四、实验内容

照高效液相色谱法测定。

1. 色谱条件与系统适用性试验

用十八烷基硅烷键合硅胶为填充剂，以甲醇-水（66∶34）为流动相，检测波长为240nm，理论塔板数按醋酸地塞米松峰计算不低于3500。

2. 测定法

取本品适量（约相当于醋酸地塞米松0.5mg），精密称定，精密加甲醇50mL，用匀浆机以9500r/min搅拌30s，置冰浴中放置1h，经有机相滤膜（0.45μm）滤过，弃去初滤液5mL，精密量取续滤液20μL，注入液相色谱仪，记录色谱图；另取醋酸地塞米松对照品适量，精密称定，用甲醇溶解并定量稀释制成每1mL中约含10μg的溶液，同法测定，按外标法以峰面积计算，即得。

五、注意事项

1. 外标法进样量必须准确，否则定量误差较大。
2. 只有在工作曲线通过原点，即截距为零时，才可用外标一点法进行定量分析。
3. 当峰形为正常峰时，在计算时峰面积 A 可用峰高 h 代替。

六、思考题

1. 高效液相色谱仪由哪些主要部件组成？各自的作用是什么？
2. HPLC法中常用的定量方法有几种？外标一点法有何优缺点？

实验十一　美洛昔康片的含量均匀度测定

一、实验目的

1. 掌握片剂含量均匀度检查的意义、原理和方法。
2. 掌握紫外分光光度法测定药物制剂含量的原理。
3. 掌握片剂含量均匀度的计算方法及结果判定。

二、基本原理

含量均匀度用于检查单剂量的固体、半固体和非均相液体制剂含量符合标示量的程度。除另有规定外，片剂、硬胶囊剂、颗粒剂或散剂等，每一个单剂标示量小于25mg或主药含量小于每一个单剂重量25%的，药物间或药物与辅料间采用混粉工艺制成的注射用无菌粉末的，内充非均相溶液的软胶囊，单剂量包装的口服混悬液、透皮贴剂和栓剂等品种项下规定含量均匀度应符合要求的制剂，均应检查含量均匀度。复方制剂仅检查符合上述条件的组分，多种维生素或微量元素一般不检查含量均匀度。

凡检查含量均匀度的制剂，一般不再检查重（装）量差异；当全部主成分均进行含量均匀度检查时,复方制剂一般亦不再检查重(装)量差异。含量均匀度检查法是以统计学理论为指导,综合标准差与偏离度而拟定的计量型方法。方法中采用2次抽样法(复式倍量法),以减少工作量和错判率。

美洛昔康的药物含量较小,每片含7.5mg或15mg,为保证药物含量的均匀性,《中国药典》规定对其含量均匀度进行检查。首先采用紫外分光光度法分别测定供试品含量,再按含量均匀度检查法进行检查。

三、实验材料与仪器设备

1. 实验材料

美洛昔康片,美洛昔康对照品,0.1mol/L氢氧化钠溶液,甲醇,纯化水等。

2. 仪器与设备

紫外-可见分光光度计,量瓶,电子天平,刻度吸管,漏斗等。

四、实验内容

本品为淡黄色或黄色片或薄膜衣片,除去包衣后显淡黄色或黄色。本品含美洛昔康应为标示量的90.0%～110.0%。

按照紫外分光光度法(《中国药典》通则0401)测定。

1. 供试品溶液

取本品1片(7.5mg或15mg规格),置100mL量瓶中,加0.1mol/L氢氧化钠溶液70mL,超声使溶解,放冷,用甲醇稀释至刻度,摇匀,滤过,精密量取续滤液5mL,置50mL量瓶中,用0.1mol/L氢氧化钠溶液稀释至刻度,摇匀。

2. 对照品溶液

取美洛昔康对照品适量,精密称定,制备方法同供试品溶液,溶解并定量稀释制成每1mL中约含7.5μg的溶液。

3. 测定法

取供试品溶液与对照品溶液,在362nm波长处分别测定吸光度,计算,即得。

五、注意事项

1. 含量均匀度测定中必须使被测组分完全溶解后再进行过滤、测定。

2. 测定所用溶剂需一次配足。当用量较大时,即使是同一批号的溶剂,也应混合均匀后使用。

3. 含量均匀度计算

除另有规定外,取供试品10片(个),按照各药品项下规定的方法,分别测定每片(个)以标示量为100的相对含量X_i,求其均值$\bar{X}$和标准差S以及标示量与均值之差的绝对值A($A=|100-\bar{X}|$)。

若$A+2.2S \leq L$,则供试品的含量均匀度符合规定;

若$A+S > L$,则不符合规定;

若$A+2.2S > L$且$A+S \leq L$,则应另取20片(个)复试。

根据初、复试结果,计算30片(个)的均值$\bar{X}$、标准差S和标示量与均值之差的绝对值A。再按下述公式计算并判定。

当 $A \leqslant 0.25L$ 时，若 $A^2+S^2 \leqslant 0.25L^2$，则供试品的含量均匀度符合规定；若 $A^2+S^2 > 0.25L^2$，则不符合规定。

当 $A>0.25L$ 时，若 $A+1.7S \leqslant L$，则供试品的含量均匀度符合规定；若 $A+1.7S>L$，则不符合规定。

上述公式中 L 为规定值。除另有规定外，L=15.0；单剂量包装的口服混悬液，内充非均相溶液的软胶囊，胶囊型或泡囊型粉雾剂，单剂量包装的眼用、耳用、鼻用混悬剂、固体或半固体制剂 L=20.0；透皮贴剂、栓剂 L=25.0。

如该品种项下规定含量均匀度的限度为 ±20 % 或其他数值时，L = 20.0 或其他相应的数值。

当各种正文项下含量限度规定的上下限的平均值（T）大于 100.0（%）时，若 $\bar{X}<100.0$，则 $A=100-\bar{X}$；若 $100.0 \leqslant \bar{X} \leqslant T$，则 $A=0$；若 $\bar{X}>T$，则 $A=\bar{X}-T$。同上法计算，判定结果，即得。当 $T<100.0$（%）时，应在各品种正文中规定 A 的计算方法。

六、思考题

1. 是否所有片剂都需要进行含量均匀度检查？
2. 含量均匀度检查后是否需要再检查装量差异？

实验十二　硫酸奎尼丁的含量测定

一、实验目的

1. 掌握非水溶液滴定法测定含量的原理和方法。
2. 掌握硫酸奎尼丁含量测定的操作条件及要点。

二、基本原理

有机碱（包括胺类、季铵类、含氮杂环类及生物碱类）及其盐类药物，由于在水溶液中显示的碱性较弱，难以进行中和滴定。而在非水介质中，就能显示出较强的碱性，较易进行中和滴定。一般，弱碱性化合物在酸性溶剂中，可以增强其碱性，而能用强酸进行滴定。上述各类药物，多半可以在冰醋酸或醋酐中，有时也可在一些惰性溶剂（苯、氯仿、四氯化碳等）或能影响溶质的解离情况和能影响酸碱强度很大的溶剂（硝基甲烷、丙酮等）中进行滴定。滴定剂则多采用高氯酸的冰醋酸溶液或二噁烷溶液，其中以前者应用最普遍，按照非水溶液滴定法，一般应用电位法指示终点；如采用指示剂，终点颜色变化应与电位法相符。

三、实验材料与仪器设备

1. 实验材料

硫酸奎尼丁，冰醋酸，醋酐，结晶紫指示液，高氯酸滴定液（0.1mol/L）等。

2. 仪器与设备

电子天平，锥形瓶，酸式滴定管等。

四、实验内容

取本品 0.2g，精密称定，加冰醋酸 5mL 溶解后，加醋酐 20mL 与结晶紫指示液 1 滴，用高氯酸滴定液（0.1mol/L）滴定至溶液显绿色，并将滴定的结果用空白试验校正。每 1mL 的高氯酸滴定液（0.1mol/L）相当于 24.90mg 的 $(C_{20}H_{24}N_2O_2)_2 \cdot H_2SO_4$。

五、注意事项

1. 高氯酸标准溶液应注意其稳定性。由于所用溶剂为冰醋酸，具有挥发性，而且膨胀系数也较大，所以温度和贮存条件都可影响标准液的浓度。若滴定样品与标定标准液时的温度有差别，则需重新标定或按一定的公式将标准液的浓度加以校正。

2. 所用仪器、药品不应含水，水分的存在影响测定结果的准确度。因此，实验前应将所用仪器洗净并烘干；实验中，加入醋酐，也是为了除去溶剂和样品中的水分。

3. 滴定时，滴定速度不要太快，太快时，黏附在滴定管内壁上的溶液还未完全流下，终点的读数易产生误差。

六、思考题

1. 非水溶液滴定法中常见酸根的影响如何消除？
2. 非水溶液滴定法的注意事项有哪些？常用终点指示方法是什么？
3. 非水溶液滴定法适用于哪些类型药物的分析？有哪些优缺点？

第三章 药物化学实验

药物化学阐述了各类药物的发展过程、结构类型、构效关系、作用原理和临床应用，介绍了典型药物的通用名称、化学名称、化学结构、理化性质、制备方法和主要药理学用途，为有效利用现有药物提供理论基础，为药物生产提供经济合理的方法和工艺，为探索新药研发的途径和方法提供技术支持。

药物化学实验是制药工程实验课程的重要组成部分，是理论联系实际的重要环节。通过专业实验学习一些必需的实验知识：包括药物制备技术；过程质量监控技术及其检测方法；药物制备过程中设备的布置、连接、作用和控制等工程化训练；数据采集、记录及分析处理等；如何将实验方案转变成为实际可操作的实践过程等。

实验一　乙酰水杨酸的合成

一、实验目的

1. 掌握酯化反应和重结晶的原理及基本操作。
2. 熟悉药物合成常用装置的安装及使用方法。
3. 了解乙酰水杨酸原料药制备工艺进行设计与优化的方法。
4. 理解降低成本、控制杂质、提高药品质量与产量的方法。

扫码看视频

二、实验原理

乙酰水杨酸，即阿司匹林（Aspirin），为解热镇痛药，用于治疗伤风、感冒、头痛、发烧、神经痛、关节痛及风湿病等。近年来，又研究证明其具有抑制血小板凝聚的作用，其治疗范围又进一步扩大到预防血栓形成，治疗心血管疾患。阿司匹林化学名为 2-（乙酰氧基）苯甲酸，化学结构式为：

阿司匹林为白色针状或板状结晶，熔点（m.p.）135～140℃，易溶于乙醇，可溶于氯仿、乙醚，微溶于水。合成路线如下：

$$\text{水杨酸（邻-OH，COOH）} + (CH_3CO)_2O \xrightarrow{H_2SO_4} \text{阿司匹林（邻-OCOCH}_3\text{，COOH）} + CH_3COOH$$

三、实验材料与仪器设备

1. 实验材料

水杨酸，醋酸酐，98%硫酸，无水乙醇，活性炭等。

2. 仪器与设备

250mL 三口圆底烧瓶，搅拌器，球形冷凝管，250mL 单口圆底烧瓶，布氏漏斗，吸滤瓶等。

四、实验内容

1. 酯化

在装有搅拌器及球形冷凝管的 250mL 三口圆底烧瓶中，依次加入水杨酸 25g（0.18mol），醋酸酐 35mL（38g，0.37mol），开动搅拌器，加入浓硫酸 1mL，继续搅拌至物料温度不再自然上升，加热，待温度升至 70～80℃时，维持在此温度下搅拌反应 1.5h。反应结束，停止搅拌，稍冷后，将烧瓶中的反应液倒入装有 400mL 常温水的烧杯中，搅拌至室温，使产物结晶析出。抽滤，用少量水洗涤滤饼，抽干及压干，得到阿司匹林粗品。

2. 精制

将所得粗品置于附有球形冷凝管的 250mL 单口圆底烧瓶中，加入约 50mL 无水乙醇，于水浴上加热至阿司匹林全部溶解，稍冷，加入活性炭回流脱色 10min，趁热抽滤。搅拌下将滤液慢慢倾入 150mL 热水中，冷却至室温，析出白色结晶。待结晶析出完全后，抽滤，用少量稀乙醇洗涤，压干，干燥（干燥时温度不超过 60℃为宜），得产品。测熔点，计算收率。

3. 鉴别

（1）红外吸收光谱法、标准物 TLC 对照法、核磁共振光谱法。

（2）取产品约 0.1g，加水 10mL，煮沸，放冷，加三氯化铁试液 1 滴，即显紫堇色。

（3）取产品约 0.5g，加碳酸钠试液 10mL，煮沸 2min 后，放冷，加过量的稀硫酸，即析出白色沉淀，并发生醋酸的臭气。

4. 检查

（1）游离水杨酸

① 色谱条件与系统适用性试验。用十八烷基硅烷键合硅胶为填充剂；以乙腈-四氢呋喃-冰醋酸-水（20∶5∶5∶70）为流动相；检测波长为 303nm。理论板数按水杨酸峰计算不低于 5000，阿司匹林主峰与水杨酸主峰分离度应符合要求。

② 供试品溶液的制备。取产品约 100mg，精密称定，置 10mL 容量瓶中，加 1%冰醋酸甲醇溶液适量，振摇使溶解，并稀释至刻度，摇匀，即得（临用前新配）。

③ 对照品溶液的制备。取水杨酸对照品约 10mg，精密称定，置 100mL 容量瓶中，加 1%冰醋酸甲醇溶液适量使溶解，并稀释至刻度，摇匀；精密量取 5mL，置 50mL 容量瓶中，用 1%冰醋酸甲醇溶液稀释至刻度，摇匀，即得。

④ 测定方法。精密量取供试品溶液、对照品溶液各 10μL，分别注入液相色谱仪，记录色谱图。供试品溶液色谱图中如显水杨酸色谱峰，按外标法以峰面积计算供试品中水杨酸含量，不得超过 0.1%。

（2）溶液澄清度　取本品约 0.5g，加温热至约 45℃的碳酸钠试液 10mL 溶解后，溶液应澄清。

（3）有关物质

① 色谱条件与系统适用性试验。用十八烷基硅烷键合硅胶为填充剂；以乙腈-四氢呋喃-冰醋酸-水（20∶5∶5∶70）为流动相 A，乙腈为流动相 B，按表 3-1 进行梯度洗脱；检测波长为 276nm。阿司匹林的保留时间约为 8min，理论板数按阿司匹林计不低于 5000，阿司匹林与水杨酸的分离度应符合要求。

表 3-1　流动相梯度表

时间/min	流动相 A/%	流动相 B/%
0	100	0
60	20	80

② 供试品溶液的制备。取产品约 0.1g，置 10mL 容量瓶中，加 1%冰醋酸甲醇溶液适量，振摇使溶解并稀释至刻度，摇匀。

③ 对照溶液的制备。精密量取供试品溶液 1mL，置 200mL 容量瓶中，用 1%冰醋酸甲醇溶液稀释至刻度，摇匀。

④ 灵敏度试验溶液的制备。精密量取对照溶液 1mL，置 10mL 容量瓶中，用 1%冰醋酸甲醇溶液稀释至刻度，摇匀。

⑤ 测定方法。分别精密量取供试品溶液、对照溶液、灵敏度试验溶液及水杨酸对照品溶液（游离水杨酸项下）各 10μL，注入液相色谱仪，记录色谱图。供试品溶液色谱如有杂质峰，除水杨酸峰外，其他各杂质峰面积的和不得大于主峰面积（0.5%）。供试品溶液色谱图中任何小于灵敏度试验溶液主峰面积的峰可忽略不计。

5. 含量测定

取本品约 0.4g，精密称定，加中性乙醇（对酚酞试液显中性）20mL 溶解后，加酚酞指示液 3 滴，用氢氧化钠滴定液（0.1mol/L）滴定。每 1mL 氢氧化钠滴定液（0.1mol/L）相当于 18.02mg 的阿司匹林。

五、思考题

1. 向反应液中加入少量浓硫酸的目的是什么？是否可以不加？为什么？
2. 本反应可能发生哪些副反应？产生哪些副产物？
3. 阿司匹林精制选择溶剂依据什么原理？为何滤液要自然冷却？

实验二 (R)-四氢噻唑-2-硫酮-4-羧酸的合成

一、实验目的

1. 了解手性物及手性合成的概念。
2. 初步掌握以手性源方法合成手性物的原理和方法。
3. 学会旋光仪的使用及测定手性物光学纯度的方法。

二、实验原理

(R)-四氢噻唑-2-硫酮-4-羧酸,简称(R)-TTCA,是一种手性化合物,可作为检查尿样中的二硫化碳含量的标准试剂,它对(R,S)-胺、(R,S)-氨基酸酯等有很好的手性识别功能。原料 L-半胱氨酸盐酸盐也是一种基本的手性化合物,可以此为原料,经非对称合成反应得到新的手性化合物。

本实验是利用手性源合成手性物的原理,使手性原料 L-半胱氨酸盐酸盐和 CS_2 在碱性条件下,以五水硫酸铜为催化剂,发生如下非对称反应来制得另一手性化合物(R)-TTCA:

$$\text{H}_2\text{C(SH)-CH(NH}_2\text{)-COOH} + CS_2 \xrightarrow[\text{NaOH}]{\text{CuSO}_4 \cdot 5\text{H}_2\text{O}} \text{(R)-TTCA} + H_2S$$

三、实验材料与仪器设备

1. 实验材料

L-半胱氨酸盐酸盐水合物,氢氧化钠,二硫化碳,研细的五水硫酸铜,浓盐酸,亚硫酸钠,无水 Na_2SO_4 或无水氯化钙,乙酸乙酯,1∶1(体积比)的盐酸,0.1mol/L 的盐酸。

2. 仪器与设备

电子天平,三口烧瓶,分液漏斗,吸滤瓶,布氏漏斗,真空泵,旋转蒸发仪,自动旋光仪,熔点测定仪。

四、实验内容

1. 称取 4.8g NaOH 溶于 90mL 蒸馏水中,搅拌至全部溶解后将溶液移入 250mL 圆底三口烧瓶中;称取 5.25g L-半胱氨酸盐酸盐和 6.75g 五水硫酸铜置于该三口烧瓶中;最后加入 2g 左右亚硫酸钠以及 3.0mL CS_2。
2. 55℃下回流 2h。
3. 待反应液冷却后过滤至锥形瓶中,用 1∶1(体积比)的盐酸调节 pH 至 1。
4. 用总量为 120mL 的乙酸乙酯分四次萃取。
5. 将有机相收集入烧杯中加无水 Na_2SO_4 或无水氯化钙干燥,放置 0.5~1h。
6. 用旋转蒸发仪蒸出乙酸乙酯,得到(R)TTCA 的粗产品。
7. 对粗产品进行重结晶提纯,即先用适量 1∶1 的盐酸在 90℃加热至产品完全溶解(盐酸稍过量 3%~4%);然后趁热过滤,在室温冷却,有少量白色晶体析出,将滤液置于冰箱或冰柜冷却，放置时间为 4h 以上。

8. 将晶体过滤，烘干。

9. 取少量产品用熔点仪测定熔点（m.p.）。

10. 称取 0.160g 左右产品溶于 25mL 0.1mol/L 的盐酸，配成 25mL 溶液，测定旋光度，测完后回收此溶液。

五、注意事项

1. 在分液漏斗中多振荡几次使萃取完全，否则产率可能会降低。

2. 注意重结晶中所加 1∶1 的盐酸的量，如果太多，晶体出来慢，甚至有的就溶解在溶剂中出不来，这样会损失产品；如果太少，晶体出来太快，晶形不好，且产品纯度降低。

六、实验结果与讨论

1. 记录实验条件、过程、各试剂用量及产品（R）TTCA 的重量及可观察到的现象。
2. 计算（R）TTCA 的理论产量和实际得率。
3. 计算相对光学纯度。

七、思考题

1. 为什么（R）TTCA 的合成要在碱性条件下进行？
2. 采用五水硫酸铜为催化剂，可能的催化机理是什么？
3. 亚硫酸钠的作用是什么？
4. 如果产品的光学纯度不高，可能的原因是什么？

八、附录

手性药物能使偏振光的振动平面旋转一定的角度 α，使偏振光振动向左旋转的为左旋性物质，使偏振光振动向右旋转的为右旋性物质。比旋光度是旋光物质重要的物理常数之一，经常用它来表示旋光化合物的旋光性。通过测定旋光度，可以检验旋光性物质的纯度并测定它的含量。

旋光度 α 除了与样品本身的性质有关以外，还与样品溶液的浓度、溶剂、光线穿过的旋光管的长度、温度及光线的波长有关。一般情况下，温度对旋光度测量值影响不大，通常不必使样品置于恒温器中。常用比旋光度 $[\alpha]_\lambda^t$ 来表示各物质的旋光性。在一定的波长和温度下比旋光度 $[\alpha]_\lambda^t$ 可以用下列关系式表示：

$$[\alpha]_\lambda^t = \frac{\alpha}{l\rho}$$

$[\alpha]_\lambda^t$ 表示旋光性物质在 t℃、光源的波长为 λ 时的比旋光度。光源的波长一般用钠光的 D 线。式中，α 为标尺盘转动的角度读数（即旋光度），用旋光仪测定；λ 为光源的光波长；l 为旋光管的长度，dm；ρ 为溶液的浓度（100mL 溶液中所含样品的质量），g/100mL；t 为测量时的温度，℃。

实验三　贝诺酯制备工艺优化及过程控制

一、实验目的

1. 通过乙酰水杨酰氯的制备，了解氯化试剂的选择及操作中的注意事项。
2. 通过本实验了解拼合原理在化学结构修饰方面的应用。
3. 通过本实验了解 Schotten Baumann 酯化反应原理。
4. 学会运用薄层色谱法（TLC）、红外光谱法（IR）和核磁-共振波谱法（^{1}H NMR）进行产物的鉴定。

二、实验原理

贝诺酯（扑炎痛）为一种新型解热镇痛抗炎药，由阿司匹林和对乙酰氨基酚经拼合原理制成。它既保留了原药的解热镇痛功能，又减小了原药的毒副作用，并有协同增效作用。它适用于急性或慢性风湿性关节炎、风湿痛、感冒发热、头痛及神经痛等。扑炎痛化学名为2-乙酰氧基苯甲酸-4-乙酰氨基苯酯，化学结构式为：

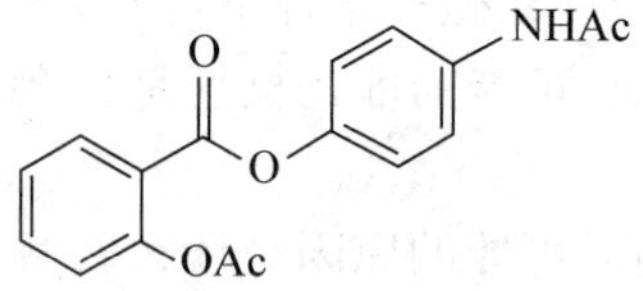

扑炎痛为白色结晶性粉末，无臭无味。熔点（m.p.）为 174～178℃，不溶于水，微溶于乙醇，溶于氯仿、丙酮。

合成路线如下：

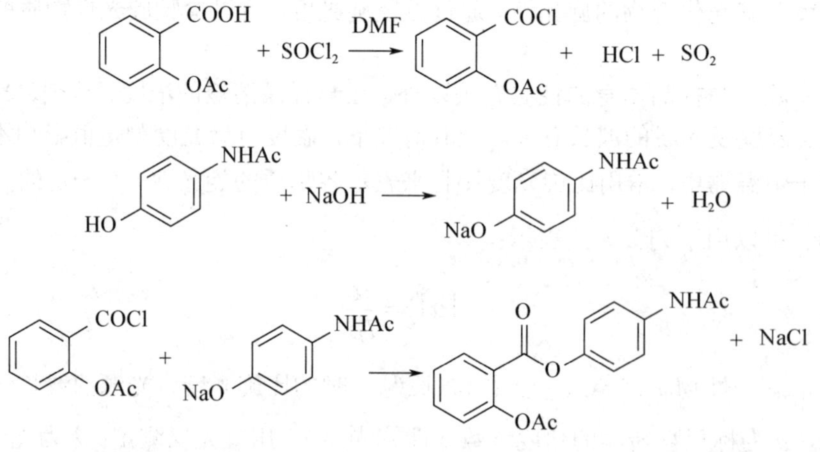

三、实验材料与仪器设备

1. 实验材料

阿司匹林，氯化亚砜，N,N-二甲基甲酰胺（DMF），无水氯化钙，NaOH 溶液，对乙酰氨基酚，乙醇等。

2. 仪器与设备

圆底烧瓶，磁力搅拌器，球形冷凝管，干燥管，导气管，温度计，三口烧瓶，抽滤装置等。

四、实验内容

1. 乙酰水杨酰氯的制备

在配备磁力搅拌子的 50mL 干燥圆底烧瓶中，依次加入阿司匹林 2g 和氯化亚砜 1.1mL，缓慢开动磁力搅拌器搅拌 2min 后加入 DMF1 滴，迅速装上球形冷凝管，并装上顶端附有氯化钙干燥剂的干燥管。干燥管出口连接导气管，导气管另一端连接三角漏斗，通到含 NaOH 水溶液的吸收瓶中。将反应瓶慢慢加热至 70℃（10～15min），维持温度在（70±2）℃反应 70min，冷却后加入无水丙酮 3mL，混匀，密闭备用。

2. 扑炎痛的制备

在配有温度计、磁力搅拌子的 100mL 三口烧瓶中，加入对乙酰氨基酚 2g、水 10mL。放入冰水浴中使反应液温度冷至 10℃左右，在快速磁力搅拌下滴加氢氧化钠溶液（850mg 氢氧化钠加 4mL 水配成，用滴管滴加）。滴加完毕后，保持反应温度在 8～12℃之间，在强烈搅拌下，慢慢滴加上面实验制得的乙酰水杨酰氯的丙酮溶液（用恒压滴液漏斗滴加，在 20min 左右滴完），滴加完毕后，用 20%氢氧化钠溶液调节 pH≥10，温度控制在 8～12℃之间，继续搅拌反应 60min，抽滤，水洗至中性，得粗品，称重，计算产率。

3. 精制

将扑炎痛粗品置于装有球形冷凝管的 100mL 圆底烧瓶中，每克粗品加入 95%乙醇 10mL，在水浴上加热至溶解。自然冷却，待结晶完全析出后，抽滤，压干；用少量乙醇洗涤两次（母液回收），压干，干燥，称重，测熔点，计算产率。

4. 结构确证

（1）标准物 TLC 对照法。

（2）红外吸收光谱法。

（3）核磁共振波谱法。

五、注意事项

1. 氯化亚砜是由羧酸制备酰氯最常用的氯化试剂，不仅价格便宜而且沸点低，生成的副产物均为挥发性气体，故所得酰氯产品易于纯化。氯化亚砜遇水可分解为二氧化硫和氯化氢，因此所用仪器均需干燥。反应用阿司匹林需在 60℃干燥 4h。DMF 作为催化剂，用量不宜过多，否则影响产品的质量。制得的酰氯易被水解，不易久置。

2. 如用玻璃塞，注意避免由于固体析出而导致塞子打不开的情况发生。

3. 扑炎痛制备采用 Schotten Baumann 酯化反应，即乙酰水杨酰氯与对乙酰氨基酚钠缩合酯化。由于对乙酰氨基酚的酚羟基与苯环共轭，加之苯环上又有吸电子的乙酰氨基，因此酚羟基上电子云密度较小，亲核反应性较弱；成盐后酚羟基氧原子电子云密度增大，有利于亲核反应；此外，酚钠成酯，还可避免生成氯化氢，使生成的酯键水解。

4. 若颜色较深可加入活性炭回流脱色 30min，趁热抽滤（布氏漏斗、吸滤瓶应预热），并将滤液趁热转移至烧杯中。

六、思考题

1. 乙酰水杨酰氯的制备，操作上应注意哪些事项？
2. 在扑炎痛的制备中，为什么采用先制备对乙酰氨基酚钠，再与乙酰水杨酰氯进行酯化，而不直接酯化？
3. DMF 作为催化剂的原理是什么？画出可能的反应机理。
4. 通过本实验说明酯化反应在结构修饰上的意义。

实验四　苯佐卡因的合成

一、目的要求

1. 通过苯佐卡因（Benzocaine）的合成，了解药物合成的基本过程。
2. 掌握氧化、酯化和还原反应的原理及基本操作。

二、实验原理

苯佐卡因为局部麻醉药，外用为撒布剂，用于手术后创伤止痛、溃疡痛、一般性痒等。苯佐卡因化学名为对氨基苯甲酸乙酯，化学结构式为：

$$\text{对-}H_2N\text{-}C_6H_4\text{-}COOC_2H_5$$

苯佐卡因为白色结晶性粉末，味微苦而麻；m.p.88～90℃；易溶于乙醇，极微溶于水。
合成路线如下：

$$\text{对-}O_2N\text{-}C_6H_4\text{-}CH_3 + Na_2Cr_2O_7 + H_2SO_4 \longrightarrow \text{对-}O_2N\text{-}C_6H_4\text{-}COOH + Na_2SO_4 + Cr_2(SO_4)_3 + H_2O$$

$$\text{对-}O_2N\text{-}C_6H_4\text{-}COOH + C_2H_5OH \xrightarrow{H_2SO_4} \text{对-}O_2N\text{-}C_6H_4\text{-}COOC_2H_5 + H_2O$$

$$\text{对-}O_2N\text{-}C_6H_4\text{-}COOC_2H_5 + Fe + H_2O \longrightarrow \text{对-}H_2N\text{-}C_6H_4\text{-}COOC_2H_5 + Fe_3O_4$$

三、实验材料与仪器设备

1. 实验材料

重铬酸钠，对硝基甲苯，硫酸，氢氧化钠，无水乙醇，碳酸钠等。

2. 仪器与设备

圆底烧瓶，磁力搅拌器，球形冷凝器，干燥管，导气管，温度计，三口烧瓶，抽滤装置等。

四、实验内容

1. 对硝基苯甲酸的制备（氧化）

在装有搅拌棒和球形冷凝器的 250mL 三口烧瓶中，加入重铬酸钠（含两个结晶水）23.6g、水 50mL，开动搅拌，待重铬酸钠溶解后，加入对硝基甲苯 8g，用滴液漏斗滴加 32mL 浓硫酸。滴加完毕，加热，保持反应液微沸 60～90min（反应中，球形冷凝器中可能有白色针状的对硝基甲苯析出，可适当关小冷凝水，使其熔融）。冷却后，将反应液倾入 80mL 冷水中，抽滤。残渣用 45mL 水分三次洗涤。将滤渣转移到烧杯中，加入 5% 硫酸 35mL，在沸水浴上加热 10min，并不时搅拌，冷却后抽滤，滤渣溶于温热的 5% 氢氧化钠溶液 70mL 中，在 50℃ 左右抽滤，滤液加入活性碳 0.5g 脱色（5～10min），趁热抽滤。冷却，在充分搅拌下，将滤液慢慢倒入 15% 硫酸 50mL 中，抽滤，洗涤，干燥得本品，计算收率。

2. 对硝基苯甲酸乙酯的制备（酯化）

在干燥的 100mL 圆底烧瓶中加入对硝基苯甲酸 6g，无水乙醇 24mL，逐渐加入浓硫酸 2mL，振摇使混合均匀，装上附有氯化钙干燥管的球形冷凝器，油浴加热回流 80min（油浴温度控制在 100～120℃）；稍冷，将反应液倾入到 100mL 水中，抽滤；滤渣移至研钵中，研细，加入 5%碳酸钠溶液 10mL（由 0.5g 碳酸钠和 10mL 水配成），研磨 5min，测 pH 值（检查反应物是否呈碱性），抽滤，用少量水洗涤，干燥，计算收率。

3. 对氨基苯甲酸乙酯的制备（还原）

A 法：在装有搅拌棒及球形冷凝器的 250mL 三口烧瓶中，加入 35mL 水，2.5mL 冰醋酸和已经处理过的铁粉 8.6g，开动搅拌，加热至 95～98℃反应 5min，稍冷，加入对硝基苯甲酸乙酯 6g 和 95%乙醇 35mL，搅拌，回流反应 90min。稍冷，在搅拌下，分次加入温热的碳酸钠饱和溶液（由碳酸钠 3g 和水 30mL 配成），搅拌片刻，立即抽滤（布氏漏斗需预热），滤液冷却后析出结晶，抽滤，产品用稀乙醇洗涤，干燥得粗品。

B 法：在装有搅拌棒及球形冷凝器的 100mL 三口烧瓶中，加入 25mL 水，氯化铵 0.7g，铁粉 4.3g，直火加热至微沸，活化 5min。稍冷，慢慢加入对硝基苯甲酸乙酯 5g，充分激烈搅拌，回流反应 90min。待反应液冷至 40℃左右，加入少量碳酸钠饱和溶液调节 pH 至 7～8，加入 30mL 氯仿，搅拌 3～5min，抽滤；用 10mL 氯仿洗三口烧瓶及滤渣，抽滤，合并滤液，倾入 100mL 分液漏斗中，静置分层，弃去水层，氯仿层用 5% 盐酸 90mL 分三次萃取，合并萃取液（氯仿回收），用 40% 氢氧化钠调节 pH 至 8，析出结晶，抽滤，得苯佐卡因粗品，计算收率。

4. 精制

将粗品置于装有球形冷凝器的 100mL 圆底瓶中，加入 10～15 倍（mL/g）50%乙醇，加热溶解。稍冷，加活性炭脱色（活性炭用量视粗品颜色而定），加热回流 20min，趁热抽滤（布氏漏斗、吸滤瓶应预热）。将滤液趁热转移至烧杯中，自然冷却，待结晶完全析出后，抽滤，用少量 50%乙醇洗涤两次，压干，干燥，测熔点，计算收率。

5. 鉴别

（1）红外吸收光谱法、标准物 TLC 对照法。

（2）取供试品约 50mg，加稀盐酸 1mL，必要时缓缓煮沸溶解，放冷，加 0.1mol/L 亚硝酸钠溶液数滴，滴加碱性 β-萘酚试液数滴，生成橙黄到猩红色沉淀。

6. 检查

（1）酸度　取供试品 1.0g，加中性乙醇（对酚酞指示液显中性）10mL 溶解后，加酚酞指示液 2 滴与氢氧化钠滴定液（0.1mol/L）0.1mL，应先变成淡红色。

（2）溶液的澄清度与颜色　取供试品 1.0g，加乙醇 20mL 溶解后，溶液应澄清无色。

（3）氯化物　取供试品 0.2g，加乙醇 5mL 溶解后，加稀硝酸 3 滴与硝酸银试液 3 滴，不得立即发生浑浊。

（4）有关物质　取供试品，加无水乙醇溶解并稀释至每 1mL 中含 10mg 的溶液，作为供试品溶液；精密量取适量，用无水乙醇定量稀释制成每 1mL 中含 0.01mg、0.025mg、0.05mg 和 0.1mg 的溶液，作为对照溶液。吸取上述五种溶液各 20μL，分别点于同一硅胶 G 薄层板上，以无水乙醇-三氯甲烷（0.75∶99.25）为展开剂，展开后，晾干，在紫外灯（254nm）下检视。供试品溶液如显杂质斑点（如原点观察到杂质斑点，应以杂质斑点计），与对照溶液的主斑点比较，杂质总量不得超过 0.1%。

五、注意事项

1. 氧化反应在用 5% 氢氧化钠处理滤渣时，温度应保持在 50℃左右，若温度过低，对硝基苯甲酸钠会析出而被滤去。

2. 酯化反应须在无水条件下进行，如有水进入反应系统中，收率将降低。无水操作的要点是：原料干燥无水；所用仪器、量具干燥无水；反应期间避免水进入反应瓶。

3. 对硝基苯甲酸乙酯及少量未反应的对硝基苯甲酸均溶于乙醇，但均不溶于水。反应完毕，将反应液倾入水中，乙醇的浓度降低，对硝基苯甲酸乙酯及对硝基苯甲酸便会析出。这种分离产物的方法称为稀释法。

4. 还原反应中，因铁粉密度大，易沉于瓶底，必须将其搅拌起来，才能使反应顺利进行，故充分搅拌是铁酸还原反应的重要影响因素。A 法中所用的铁粉需预处理，方法为：称取铁粉 10g 置于烧杯中，加入 2% 盐酸 25mL，加热至微沸，抽滤，水洗至 pH 5～6，烘干，备用。

六、思考题

1. 氧化反应完毕，将对硝基苯甲酸从混合物中分离出来的原理是什么？
2. 酯化反应为什么需要无水操作？
3. 铁酸还原反应的机理是什么？

实验五　对乙酰氨基酚的合成

一、实验目的

1. 掌握对乙酰氨基酚的合成原理。
2. 熟悉对乙酰氨基酚的合成操作。
3. 了解合成机理。

二、实验原理

对乙酰氨基酚又称扑热息痛，商品名称有百服宁、必理通、泰诺、醋氨酚等。它是非常常用的非抗炎解热镇痛药，解热作用与阿司匹林相似，镇痛作用较弱，无抗炎抗风湿作用，是乙酰苯胺类药物中最好的品种。特别适合于不能应用羧酸类药物的病人。用于感冒、牙痛等症。对乙酰氨基酚是具有脆性的白色单斜晶系，无嗅，味微苦，在空气中见光变色，水分可加速其变化，微溶于冷水，易溶于热水，溶于乙醇和氢氧化钠溶液，遇碱变色。其化学结构式如下：

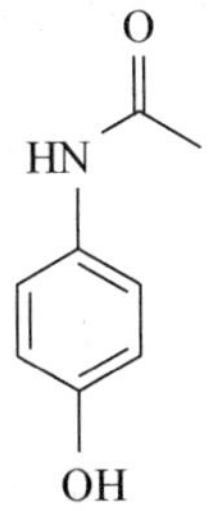

本实验包括制备对乙酰氨基酚、测定产品的对乙酰氨基酚的含量、检查原料药中的对氨基酚、制备对乙酰氨基酚的制剂及制剂的质量检查。

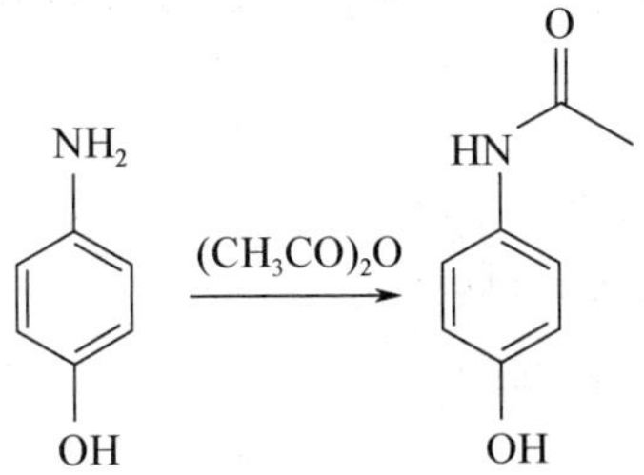

三、实验材料与仪器设备

1. 实验材料

对氨基苯酚、亚硫酸氢钠、醋酐等。

2. 仪器与设备

锥形瓶、温度计、玻璃棒、吸滤瓶、布氏漏斗、量筒等。

四、实验内容

1. 制备

于干燥的 100mL 锥形瓶中加入对氨基苯酚 10.6g，水 30mL，醋酐 12mL，轻轻振摇使成均相。再于 80℃水浴中加热反应 30min，放冷，析晶，过滤，滤饼以 10mL 冷水洗 2 次，抽干，干燥，得对乙酰氨基酚白色结晶状粗品，称重。

2. 精制

于 100mL 锥形瓶中加入对乙酰氨基酚粗品，每克用水 5mL，加热使溶解，稍冷后加入活性炭 1g，煮沸 5min，在吸滤瓶中先加入亚硫酸氢钠 0.5g，趁热过滤，滤液放冷析晶，过滤，滤饼以 0.5%亚硫酸氢钠溶液 5mL 分 2 次洗涤，抽干，干燥，得对乙酰氨基酚白色纯品，称重，测熔点（168～170℃）。

3. 鉴别

（1）本品的水溶液加三氯化铁试液，即显蓝紫色。

（2）取本品约 0.1g，加稀盐酸 5mL，置水浴中加热 40min，放冷；取 0.5mL，滴加亚硝酸钠试液 5 滴，摇匀，用水 3mL 稀释后，加碱性 β-萘酚试液 2mL，振摇，即显红色。

（3）用红外光谱法测定。

4. 含量测定

取供试品约 40mg，精密称定，置 250mL 容量瓶中，加 0.4%氢氧化钠溶液 50mL 溶解后，加水至刻度，摇匀，精密量取 5mL，置 100mL 容量瓶中，加 0.4%氢氧化钠溶液 10mL，加水至刻度，摇匀，按照紫外-可见分光光度法，在 257nm 的波长处测定吸光度，$C_8H_9NO_2$ 的吸收系数（$E_{1cm}^{1\%}$）按 715 计算，即得。

五、注意事项

1. 对氨基苯酚的质量是影响对乙酰氨基酚产量、质量的关键，购得的对氨基苯酚应是白色或淡黄色颗粒状结晶，熔点 183～184℃。

2. 酰化反应中，加水 30mL。有水存在，醋酐可选择性地酰化氨基而不与酚羟基作用。若以醋酸代替醋酐，则难以控制氧化副反应，反应时间长，产品质量差。

3. 加亚硫酸氢钠可防止对乙酰氨基酚被空气氧化，但亚硫酸氢钠浓度不宜过高，否则会影响产品质量（亚硫酸氢钠限量超过《中国药典》允许量）。

六、思考题

1. 对乙酰氨基酚的有机合成原理是什么？
2. 对乙酰氨基酚含量测定的原理是什么？
3. 对乙酰氨基酚的鉴别方法有哪些？

实验六　丙二酸亚异丙酯的合成

一、实验目的

1. 学习一种丙二酸酯的简便制备方法。
2. 掌握结晶纯化、熔点测定等操作。

二、实验原理

丙二酸亚异丙酯的合成路线为：

$$\begin{array}{c}\text{COOH}\\|\\\text{CH}_2\\|\\\text{COOH}\end{array} + O=\!\!\begin{array}{c}\text{CH}_3\\\\\text{CH}_3\end{array} \xrightarrow[\text{浓}H_2SO_4]{Ac_2O} \text{(Meldrum's acid)}$$

三、实验材料与仪器设备

1. 实验材料

醋酸酐，丙二酸，98%硫酸，丙酮等。

2. 仪器与设备

250mL 三口烧瓶，搅拌器，布氏漏斗，吸滤瓶等。

四、实验内容

在 250mL 三口烧瓶中加入 24mL（0.25mol）醋酸酐，称取 20.8g（0.20mol）丙二酸粉末溶于醋酸酐中，在冰水冷却和搅拌下加入 0.8mL 浓硫酸，保持温度 20～25℃，约 20min 全溶后滴加 16mL（0.22mol）丙酮，继续在 20～25℃下反应 4h。反应混合物置于冰箱中过夜，过滤产生的固体在丙酮-水中重结晶，干燥，称重。测定熔点（文献值 94～95℃），记录产品性状、重量，计算产率。

五、思考题

1. 影响反应的主要因素有哪些？
2. 进一步阅读文献并写出心得体会：Process for the Preparation of Meldrum's Acid.US P4613 671. 1986. key to new class of biocides.

实验七　L-抗坏血酸棕榈酸酯的合成

一、实验目的

1. 了解热敏性物质反应的基本特点。
2. 了解 L-抗坏血酸的基本化学性质。

二、实验原理

L-抗坏血酸先与足量的硫酸反应生成硫酸酯，再与长链脂肪酸发生酯交换反应得到棕榈酸酯。由于 L-抗坏血酸受热易氧化变性，因此反应不能加热。

$$\text{L-抗坏血酸} + CH_3(CH_2)_{14}COOH \xrightarrow{H_2SO_4} \text{L-抗坏血酸棕榈酸酯}$$

三、实验材料与仪器设备

1. 实验材料

L-抗坏血酸，98%硫酸，棕榈酸，氯化钠，正己烷，乙醇等。

2. 仪器与设备

250mL 三口烧瓶，搅拌器，布氏漏斗，吸滤瓶，真空泵等。

四、实验内容

1. 在 250mL 三口烧瓶中加入 98%硫酸 32mL（0.6mol），装上温度计和搅拌器。
2. 称取 10.8g L-抗坏血酸（0.06mol）粉末，缓慢加入烧瓶中，搅拌，使其全部溶解，静置 24h。
3. 在搅拌下缓慢加入 21g 棕榈酸（0.08mol）和 42mL（0.76mol）98%硫酸，并用水或冰浴控制反应体系温度不超过 30℃。加料结束后，在室温下继续搅拌 2h。
4. 搅拌下将反应液倒入 390mL 冰水与乙酸乙酯的混合液（300mL：90mL）中稀释，冷至室温，得到粗品结晶。过滤，滤饼用饱和氯化钠溶液洗至中性，用正己烷洗 3 次，抽干，在乙醇-正己烷（0.5：1）中重结晶，干燥，称重。
5. 测定熔点（文献值 113～114℃），记录产品性状、重量，计算产率。

五、思考题

L-抗坏血酸的酯化方法还有哪些？

实验八　盐酸溴己新（必嗽平）中间体的合成

一、实验目的

1. 了解芳烃溴化反应原理及合成方法。
2. 了解复合金属氢化物还原剂还原反应原理及还原方法。

二、实验原理

盐酸溴己新（必嗽平）可裂解痰液中的酸性黏多糖或黏蛋白，降低痰液黏度，适用于慢性支气管炎、哮喘等疾病的治疗。3,5-二溴邻氨基苯甲醇是合成盐酸溴己新（必嗽平）的中间体，本实验选用邻氨基苯甲酸甲酯为原料，经溴化、还原两步反应制得。

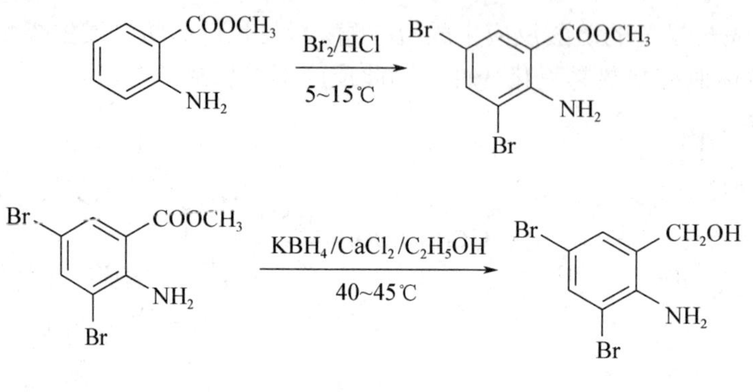

三、实验材料与仪器设备

1. 实验材料

邻氨基苯甲酸甲酯,盐酸,溴,氢氧化钠,四氢硼钾,氯化钙,乙醇等。

2. 仪器与设备

250mL三口烧瓶,搅拌器,温度计,球形冷凝管,熔点测定仪等。

四、实验内容

1. 溴化

在250mL三口烧瓶中加入75g 15%盐酸,冷至10~15℃,加入溴素10.8g（0.068mol）,搅拌0.5h至均匀,得到溴的盐酸溶液,待用。

在250mL三口烧瓶中,加入15%的盐酸45g、邻氨基苯甲酸甲酯5g（4.8mL,0.033mol）,搅拌,冷至5~15℃,滴加溴的盐酸溶液,滴毕,维持温度在15℃以下,反应1h,再用液碱中和至pH=2左右,保持温度在25℃以下,过滤,滤饼用水洗至中性,抽干,在70℃干燥得3,5-二溴邻氨基苯甲酸甲酯,m.p. 85~90℃。

2. 还原

在250mL三口烧瓶中加入乙醇41g和3,5-二溴邻氨基苯甲酸甲酯,搅拌下升温至60℃,待溴化物全溶后,冷至40℃,加入四氢硼钾5g,维持内温40~45℃,滴加$CaCl_2$溶液（6.5g $CaCl_2$溶于20mL水中）,约0.5h加完,然后维持在40~45℃,反应2h,用液碱、精密试纸调节pH=9~10,再升温回流1.5h,撤去水浴加入50mL冷水,再用浓盐酸、精密试纸调节pH=1~2,搅拌5min pH仍为1~2,冷却到20~25℃过滤,滤饼放入250mL烧杯中,加入50mL水搅拌15min,温度在20~30℃再用液碱调节pH值至12,过滤,滤饼用水洗至中性,干燥得3,5-二溴邻氨基苯甲醇,m.p. 142~152℃。

五、思考题

1. 四氢硼钾还原3,5-二溴邻氨基苯甲酸甲酯过程中加入氯化钙溶液的作用是什么？
2. 还原过程中各步调节pH值的目的是什么？

实验九　对氨基水杨酸钠稳定性实验

一、实验目的

1. 通过本实验,加强对实验中防止药物氧化重要性的认识。
2. 了解药物的降解产物和降解途径的研究方法。

二、实验原理

对氨基水杨酸钠（PAS-Na）用于治疗各种结核病,尤其适用于肠结核、骨结核及渗出性肺结核的治疗。对氨基水杨酸钠化学结构式为:

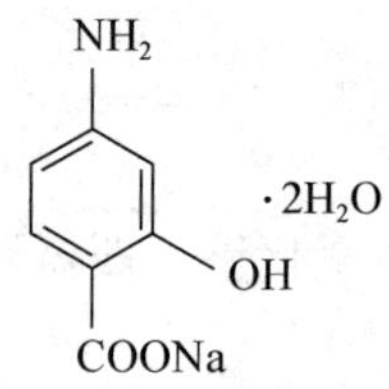

对氨基水杨酸钠为白色或银灰色结晶性粉末，m.p.142～145℃，难溶于水及氯仿，溶于乙醇及乙醚，几乎不溶于苯。

对氨基水杨酸钠水溶液很不稳定，易被氧化，遇光热颜色渐变深。在铜离子存在下，加速氧化。如有抗氧剂或金属络合剂存在，可有效地防止氧化。用光电比色计测定透光率（T）可看出其变化程度。

反应如下：

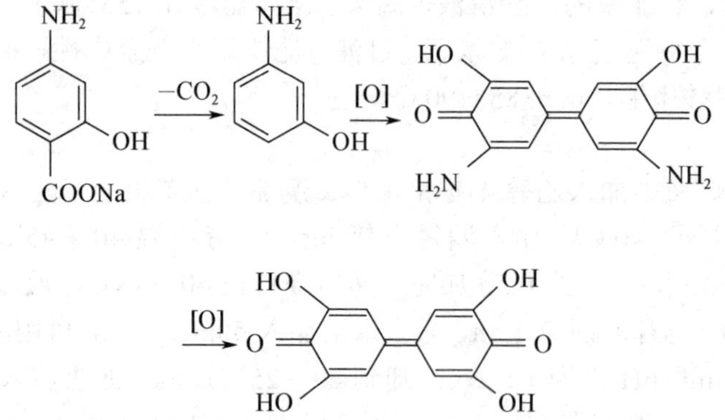

三、实验材料与仪器设备

1. 实验材料

对氨基水杨酸钠，硫代硫酸钠，乙二胺四乙酸，过氧化氢等。

2. 仪器与设备

紫外可见分光光度计，水浴锅，试管等。

四、实验内容

取 5 支试管，编号 1～5，各加入 0.025％ PAS-Na 溶液 10mL。除 1 号试管外，各试管分别加入双氧水（10mL→50mL）12 滴。在 3 号试管中加入 $Na_2S_2O_5$ 试液（10g→30mL）20 滴。在 4、5 号试管中分别加入 Cu^{2+} 试液（2mg→10mL）6 滴。在 5 号试管加入乙二胺四乙酸（EDTA）试液（10mg→10mL）20 滴。各试管用蒸馏水稀释至刻度一致。

将所有试管同时置入 80～90℃ 水浴中，记录置入时间，维持此温度，间隔 30min 取样，放置至室温，用紫外可见分光光度计在 440nm 处测定各样品的透光率。

五、思考题

1. 药物被氧化着色与哪些因素有关？如何采取措施防止药物氧化？
2. PAS-Na 氧化后生成何物？写出反应式。

第四章 药物制剂实验

药物制剂是在药剂学理论指导下的药物制剂生产与制备技术及其质量控制等,是药剂学理论在药品生产制备过程中的应用和体现。药物制剂实验是制药工程实验课程的重要组成部分,是理论联系实际的重要环节,通过本课程的学习,培养学生从事制剂研究的初步能力,即对颗粒剂、溶液剂、片剂、乳剂及新型给药系统等有初步的了解,能够按照处方设计完成各种剂型的制备和质量分析,在理论与实践结合的过程中,巩固和加深对所学理论课程的理解,也为今后从事药品生产和研发做必要的准备。

实验一 阿司匹林片的制备和质量控制

扫码看视频

一、实验目的

1. 掌握湿法制粒压片法。
2. 掌握片剂的质量检测方法(含量、崩解、脆碎度等)。
3. 了解片剂的处方设计中需要考虑的几个问题(稳定性、崩解、溶出等)。
4. 熟悉片剂的常用辅料与用量。
5. 熟悉单冲压片机的结构及其使用方法。
6. 掌握湿法制粒压片法的制备工艺。
7. 了解稳定性差的药物需要考虑的问题。

二、实验原理

片剂(tablets)是指药物与辅料均匀混合后研制而成的片状制剂。片剂具有计量准确、化学稳定性好、携带方便、制备的机械化程度高等特点,因此在现代药物制剂中应用最为广泛。

1. 片剂的制备方法与工艺路线

片剂的制备方法按制备工艺分为两大类和四小类:

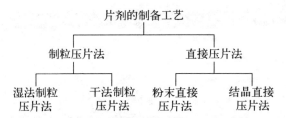

片剂制备是首先将药物和辅料进行粉碎和过筛等处理,以保证固体物料的混合均匀性和药物的溶出度。片剂的制备工艺流程见图4-1。一般要求粉末细度在80~100目以上。在片剂的制备过程中,所施加的压力不同,所用的润滑剂、崩解剂等的不同,都会对片剂的质量(硬度或崩解时限等)产生影响。在片剂的处方设计及影响因素的考虑中需要注意的问题是:流动性(减少重量差异),压缩成型性(防止裂片,提高硬度),润滑性(防止黏冲)。

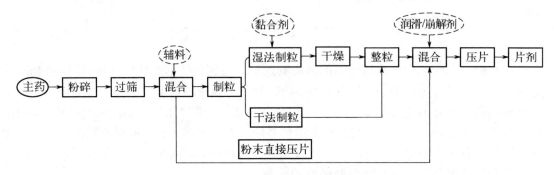

图4-1 片剂制备工艺流程

湿法制粒时加入适量的黏合剂或润湿剂制备软材,软材的干湿程度对片剂的质量影响较大。在实验中一般凭经验掌握,即以"握之成团,轻压即散"为度。将软材通过筛网制得的湿颗粒一般要求较完整,如果其中含细粉过多,说明黏合剂用量过少,若成线条状,则说明黏合剂用量过多。这两种情况制成的颗粒烘干后,往往出现太松或太硬的现象,都不符合压片对颗粒的要求。制好的湿颗粒应尽快干燥,干燥的温度由物料的性质而定,一般为50~60℃,对湿热稳定者,干燥温度可适当提高。湿颗粒干燥后,需过筛整粒以便将粘连的颗粒散开,同时加入润滑剂和需外加法加入的崩解剂混匀。整粒用筛的孔径与制粒时所用的孔径相同或略小。

2. 质量控制工程

质量是指"一组固有特性满足要求的程度""通常隐含的或必须履行的要求或期望"。质量控制工程是对药品研究、生产和使用各环节进行质量监控的技术实施过程,目的就是向受众提供符合质量特性的产品。药品质量控制需贯穿整个工艺生产过程中。设计理想的制剂产品只有通过严谨的生产过程才能获得,即为使产品不偏离设计、保证产品质量,需要依靠生产过程的质量控制。为保证药品的批均一性和质量完好性,必须加强对药品生产过程的质量控制。

片剂湿法制粒的生产过程的工序包括粉碎、配料(混合)、制粒、干燥、压片、包衣等,其中涉及的可能影响质量的控制点包括原辅料异物、粉碎细度、投料顺序、制粒颗粒粒度及水分、颗粒烘干时间、片重差异、外观等,见表4-1。

表 4-1 片剂制备工艺的质量控制点

工序	质量控制点	质量检查项目
粉碎	原辅料、粉碎、过筛	异物、细度等
混合	投料顺序	品种、数量等
制粒	颗粒状态	黏合剂浓度及用量、筛网尺寸、水分、颗粒主药含量等
干燥	设备	温度、时间、清洁度等
压片	片子	外观、片重差异、硬度、崩解时限、含量、均匀度、溶出度等
包衣	设备、包衣片	参数控制、外观、崩解时限等
……	……	……

实验过程就是一个质量控制工程实施案例。每个工段的进行都应依据各管理法、管理条例填写各工序记录卡，生成质量控制过程中的信息流文件；依据质量控制法律法规，通过相应的质量检查项目获得的结果，作出相应的判断处理。

3. 阿司匹林

阿司匹林［Aspirin，2-(乙酰氧基)苯甲酸，又名乙酰水杨酸］是一种白色结晶或结晶性粉末，无臭或微带醋酸臭，微溶于水，易溶于乙醇，可溶于乙醚、氯仿，水溶液呈酸性。本品为水杨酸的衍生物，经近百年的临床应用，证明对缓解轻度或中度疼痛，如牙痛、头痛、神经痛、肌肉酸痛及痛经效果较好，亦用于感冒、流感等发热疾病的退热，治疗风湿痛等。近年来发现阿司匹林对血小板聚集有抑制作用，能阻止血栓形成，临床上用于预防短暂脑缺血发作、心肌梗死、人工心脏瓣膜和静脉瘘或其他手术后血栓的形成。

本品为白色片，含阿司匹林应为标示量的 95.0%～105.0%。

三、实验材料与仪器设备

1. 实验材料

阿司匹林，枸橼酸或酒石酸，淀粉，滑石粉，蒸馏水等。

2. 仪器与设备

电热鼓风干燥箱，水分快速测定仪，单冲压片机，片剂四用仪，包衣机，研钵，烧杯，电子天平，电炉，搪瓷盘，筛（12目、16目或20目）等。

四、实验内容

1. 阿司匹林片的制备

（1）处方

阿司匹林	30g
滑石粉	适量
淀粉（干燥）	3g
10%淀粉浆	适量
枸橼酸或酒石酸	0.2g
制成	300片

（2）制法　将 0.2g 枸橼酸溶于水，用于制成 10%淀粉浆。取阿司匹林细粉与淀粉混合均匀，加淀粉浆制软材，过 16 目筛制成颗粒，湿颗粒于 40～60℃快速干燥，过 16 目筛整粒，加 10%干淀粉作外加崩解剂，约 5%滑石粉作润滑剂，混匀后压片。

2. 单元操作

（1）物料前处理　在药品的实际生产过程中，通常先利用粉碎操作得到粉体粒子。由于粉碎后的粉体粒子大多粗细不均，为获得粒度均匀的粉体粒子，还需按照规定的粒度要求利用筛分操作将其分离。然后，再通过混合将不同物料按指定的处方比例混合均匀。标准筛规格表见表 4-2。

表 4-2　《中国药典》（2020 年版）标准筛规格表

筛号	一号	二号	三号	四号	五号	六号	七号	八号	九号
筛孔平内径/μm	2000±70	850±29	355±13	250±9.9	180±7.6	150±6.6	125±5.8	90±4.6	75±4.1
目号	10	24	50	65	80	100	120	150	200

将原、辅料进行粉碎、过筛、称重，将称重好的物料装入容器中待用，器外贴标签，注明名称、批次、日期、操作者姓名等。分别对粉碎、过筛后的原辅料计算收率。

$$原（辅）料收率 = \frac{粉碎过筛后质量}{粉碎过筛前质量} \times 100\%$$

检查各称重衡器，核对粉碎工序送来的原辅料名称、批号等。根据处方对物料进行称重。

（2）制粒　制粒是指原、辅料经过加工，制成具有一定形状和大小粒状物的操作。将淀粉浆加入药物混合粉末中，制软材，过 16 目筛，依靠黏合剂的架桥或黏结作用使粉末聚结在一起而制备颗粒。

10%淀粉浆的制备：10g 淀粉加少量冷水冲散，补加沸水至 100mL，边加边搅拌，如糊化不完全则需要继续煮沸至糊化完全，备用。

（3）干燥　干燥是利用热能或其他适宜的方法去除湿物料中的溶剂从而获得干燥固体产品的操作过程。干燥的温度应根据药物的性质而定。干燥时也应控制合适的温度，以免颗粒表面变干结成一层硬膜而影响内部水分的蒸发，一般以 50～60℃为宜。

颗粒的干燥程度应适当，因为干颗粒的含水量对片剂成型及质量有很大影响。通常干颗粒的含水量应控制在 1%～3%，含水量太多，压片时易黏冲，含水量太低则易松片裂片。但对某些品种应视具体情况而定，如阿司匹林片的干颗粒含水量应低于 0.3%，否则药物易水解。

干基含水量 x 是以绝干物料为基准表示的质量分数，即：

$$x = \frac{湿物料中水分的质量}{湿物料中绝干物料质量} \times 100\%$$

（4）整粒及总混　整粒是颗粒干燥后应给予适当的整理，使结块、粘连的颗粒散开，得到大小均一的颗粒。一般通过过筛的方法整粒。整粒工序可采用与制粒过程一致或者稍细的筛网进行。

$$制粒收率 = \frac{实际收粒量}{理论收粒量} \times 100\%$$

整粒完成后，向颗粒中加入润滑剂、外加崩解剂等辅料，进行总混。

（5）压片　压片是指将药物与赋形剂等辅料经加工后压制成片剂的单元操作。本实验采用单冲压片机进行压片操作。

片重计算：取干燥后的颗粒研细，精确称取适量（相当于阿司匹林0.1g），置于锥形瓶中［按照《中国药典》（2020年版）中阿司匹林中含量的测定方法测定］，计算出每克干颗粒中所含阿司匹林的质量（克）。

每片颗粒重 =每片应含主药含量/干颗粒中主药的质量分数

片重=每片颗粒重+压片前每片加入辅料的量

选择6mm冲模，根据片重调节下冲深度，调节上冲高度，获得适应压片压力。进行压片操作。

（6）包衣　包衣具有增加药物的稳定性、掩盖不良气味、控制药物的释放部位或调节释药速度、美观易于识别等优点，是片剂生产中常见工艺过程。包衣的种类包括糖衣、薄膜衣等类型。包衣方法主要包括滚转包衣法、流化包衣法、压制包衣法等。薄膜衣主要用到的材料包括纤维素衍生物、丙烯酸树脂类、聚乙二醇等。

① 包衣液的制备。取制药用水在搅拌状态下缓慢、连续加入彩色包衣粉（欧巴代），使成15%溶液。加入完毕后开始计时，继续搅拌45min。包衣液不应有结块，必要时过100目筛，滤除块状物，待包衣液混合均匀后即可使用。

② 包衣。取素片约200g置包衣锅中，吹热风使素片升温到40～60℃，调节气压，使喷枪喷出雾状液滴，调节输液速度，开启包衣锅转动。持续喷入包衣液直至片表面色泽均匀一致，停止喷液，根据片粘连程度决定是否继续转动包衣锅。包衣完毕后，取出片剂，60℃干燥，称重，计算包衣增重，与素片的各项质量检查结果进行比较。

（7）清场收尾，按各设备标准操作程序（SOP）清洗，完成清场工作。

3. 阿司匹林片质量检查

依照《中国药典》（2020年版）二部阿司匹林片剂及片剂通则项下的有关规定，检测如下项目。

（1）性状　本品为白色片。

（2）鉴别　取本品的细粉适量（约相当于阿司匹林0.1g），加水10mL，煮沸，放冷，加三氯化铁试液1滴，即显紫堇色。

（3）硬度　采用硬度计测定硬度，普通片一般能承受30～40N的压力即认为硬度合格，包衣片需要略大的硬度，一般应大于50N。

（4）崩解时限　除另有规定外，照《中国药典》（2020年版）崩解时限检查法（通则0921）检查，应符合规定。

（5）脆碎　照《中国药典》（2020年版）脆碎度检查法（通则0923），应符合规定。

（6）重量差异　照下述方法检查，应符合规定。

取供试品20片，精密称定，求得平均片重后，再分别精密称定每片的重量，每片重量与平均片重比较（凡无含量测定的片剂或有标示片重的中药片剂，每片重量应与标示片重比较），按表4-3中的规定，超出重量差异限度的不得多于2片，并不得有1片超出限度1倍。

表 4-3 片重差异

平均片重或标示片重	片重差异限度
0.30g 以下	±7.5%
0.30g 及 0.30g 以上	±5%

（7）溶出度

① 标准曲线　精密称取阿司匹林标准品 0.01g，置于 100mL 容量瓶中，加少量乙醇溶解，用溶出介质定容，摇匀，做贮备液。精密量取 2mL、4mL、6mL、8mL、10mL 贮备液置 10mL 容量瓶中，用溶出介质定容，摇匀，作为标准品溶液，在 274nm 下测定吸光度。绘制标准曲线。

② 溶出　照《中国药典》(2020 年版)溶出度与释放度测定法(通则 0931　第一法)测定，以盐酸溶液(稀盐酸 24mL 加水至 1000mL) 1000mL (0.1g、0.3g、0.5g 规格)为溶出介质，转速为 100r/min，依法操作，分别经 10min、20min、30min、40min、50min、60min 取样，绘制溶出曲线。

（8）含量　照《中国药典》(2020 年版)高效液相色谱法(通则 0512)测定。

五、注意事项

阿司匹林的稳定性差，主要表现为水解，因此需要注意以下事项。

1. 处方中加入稳定剂。本处方中枸橼酸作为稳定剂，为了保证与药物的混合均匀，溶入于淀粉浆的制备过程中。

2. 尽量避免药物与金属接触。金属对阿司匹林有加速降解作用，特别是在润湿状态下遇铁器易变为淡红色，因此尽量使用非金属容器，如制粒时宜用尼龙筛网；硬脂酸镁是较好的润滑剂，但镁离子会加速该药物的降解，因此在本处方中加入滑石粉作为助流剂和润滑剂。

3. 加淀粉浆制粒时以温浆为宜。因为温度太高不利于药物的稳定，太低不宜分散均匀。

4. 制粒后迅速干燥。干燥温度不宜过高，以避免加速药物的水解。

六、实验结果与讨论

1. 填写实验室片剂制造记录表 4-4。

表 4-4　实验室片剂制造记录表

产品名称	规格/mg	批号	产量/片	生产者
冲模规格/mm	应压片重/g	生产实际平均片重/g	复核者	生产日期
压片机编号	压片情况			

2. 记录实验条件、过程、各试剂用量及可观察到的现象，填写操作记录和工艺参数表 4-5。

表 4-5　片剂制备工艺参数表

黏合剂制备	制粒		干燥			总混		压片	包衣
	混匀/min	制粒/min	温度/℃	时间/℃	干颗粒水分/%	时间/min	休止角/(°)	压力/N	

3. 将实验结果填写片剂生产工艺卡（表 4-6）。

表 4-6　片剂生产工艺卡

品名				
规格	每片含量		片重	
	含量限度		片重差异	
	硬度		崩解时限	
处方	原料名称		每百片含量	
溶出曲线				
操作要点				
生产注意事项				

4. 讨论片剂辅料对崩解时限的影响。
5. 比较包衣前后片剂质量检查结果，填写表 4-7。

表 4-7　包衣前后片剂质量检查结果

测试内容	外观	片重/mg	硬度/kN	崩解时限/min	溶出度/%
包衣前					
包衣后					
比较结果					

七、思考题

1. 阿司匹林片为什么用滑石粉做润滑剂？
2. 阿司匹林片为什么必需检查游离水杨酸？
3. 包衣过程中需要注意哪些事项？

八、附录

1. 单冲压片机主要构造示意图（图4-2）。

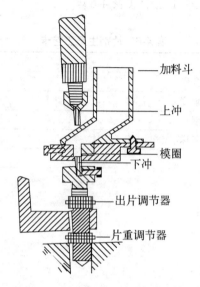

图4-2 单冲压片机主要构造示意图

2. 薄膜包衣剂配液说明

（1）材料 薄膜包衣剂（胃溶型）、水。

（2）设备

① 螺旋桨式可调速搅拌机，并且搅拌桨的直径 d_s 应等于配液容器直径 d 的1/4～1/3，见图4-3。

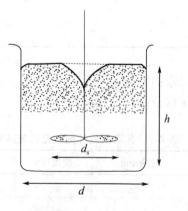

图4-3 包衣液配制示意图

② 配液容器的体积应比所要配制的溶液总量大 15%～25%。容器的直径和溶液的深度 h 应当相等。

（3）计算　根据所确定的包衣粉增重确定包衣粉用量，按表 4-8 计算水的用量（1kg 包衣粉计）。例如：120kg 素片，按 3%增重计算，配制 18%固含量的包衣液，需用包衣粉 120kg×3%=3.60kg；需用水 3.6kg×4.56=16.42kg。

表 4-8　包衣液固液配比

固含量/%	18	19	20
水用量/kg	4.56	4.26	4.00

（4）配液步骤

① 根据配液浓度计算出所需包衣粉、水的量，并进行准确称量。

② 水加入到配液容器中。将搅拌桨放置在容器的中央，并尽量靠近容器的底部，启动搅拌并将搅拌速度调至使液体形成一旋涡，同时避免卷入过多的空气。

③ 将称量好的包衣粉缓慢均匀地加入到旋涡中，同时尽量避免有粉末飘浮在液体表面。必要时可以提高搅拌转速以保持适当的旋涡。

④ 待所有的包衣粉全部加入后，降低搅拌速度，继续搅拌 45～60min。

（5）注意事项

① 配制好的包衣液可以通过蠕动泵，直接从配液容器中泵出使用。

② 在整个包衣过程中，建议将包衣液始终维持在一个轻微的搅拌状态。

实验二　阿司匹林片的制备和质量检查（干法制粒）

一、实验目的

1. 掌握干法制粒压片法。
2. 掌握干法制粒压片法的制备工艺。

二、实验原理

干法制粒压片法常用于湿热不稳定，而且直接压片有困难的药物。首先把药物和辅料各自粉碎、过筛，得到所需粒径的粉末后按处方比例混合，压成大块或薄片状，粉碎过筛制得所需大小颗粒，加入适当辅料（崩解剂、润滑剂等），混合，压片。在整个工艺过程中不接触湿以及热，有利于不稳定物料的生产。

干法制粒压片可分为辊压法和大片法。辊压法是将药物与辅料混匀后用特殊的重压设备压成硬度适宜的薄片，再进行碾碎、整粒、压片等工艺。大片法又称重压法，是将药物与辅料在大压力的压片机上用较大的冲模压成大片（冲模直径一般为 20～25mm），然后碎解成适宜的颗粒，后进行压片。本法生产效率比较低，机械损耗也比较大。

本品为白色片，含阿司匹林应为标示量的 95.0 %～105.0%。

三、实验材料与仪器设备

1. 实验材料

阿司匹林，预胶化淀粉，羟丙甲基纤维素，糊精，微粉硅胶，滑石粉等。

2. 仪器与设备

干法制粒机、崩解仪、硬度计、溶出仪等。

四、实验内容

1. 阿司匹林片的制备

（1）处方

阿司匹林	30g
预胶化淀粉	14.4g
羟丙甲基纤维素	8.4g
糊精	2.4g
微粉硅胶	1.2g
滑石粉	4.8g
制成	300片

（2）制法　取预处理阿司匹林细粉加入处方量的预胶化淀粉、羟丙甲基纤维素、糊精、微粉硅胶混合均匀，用干法制粒机先压成薄长条，后过14目筛整理，得到干颗粒。干颗粒中加入滑石粉混匀后压片。

2. 单元操作

（1）物料前处理工序　在药品的实际生产过程中，通常先利用粉碎操作得到粉体粒子。由于粉碎后的粉体粒子大多粗细不均，为获得粒度均匀的粉体粒子，还需按照规定的粒度要求利用筛分操作将其分离。然后，再通过混合将不同物料按指定的处方比例混合均匀。

将原辅料进行粉碎、过筛、称重，将称重好的物料装入容器中待用，器外贴标签，注明名称、批次、日期、操作者姓名等。分别计算粉碎、过筛后的原辅料收率。

$$原（辅）料收率 = \frac{粉碎过筛后重量}{粉碎过筛前重量} \times 100\%$$

检查各称重衡器，核对粉碎工序送来的原辅料名称、批号等。根据处方对物料进行称重。

（2）制粒　取预处理阿司匹林细粉加入处方量的预胶化淀粉、羟丙甲基纤维素、糊精、微粉硅胶混合均匀，用干法制粒机先压成薄长条，粉碎后过14目筛整粒，得到干颗粒。

（3）总混　整粒完成后，向颗粒中加入润滑剂等辅料，进行总混。

（4）压片　压片是指将药物与赋形剂等辅料经加工后被压制成片剂的单元操作。本实验采用单冲压片机进行压片操作。

片重计算：取干燥后的颗粒研细，精确称取适量（相当于阿司匹林0.1g），置于锥形瓶中［按照《中国药典》（2020年版）（以下简称"药典"）中阿司匹林中含量的测定方法测定］，计算出每克干颗粒中所含阿司匹林的克数。

$$每片颗粒重 = 每片应含主药含量 / 干颗粒中主药的质量分数$$

$$片重 = 每片颗粒重 + 压片前每片加入辅料的量$$

选择 6mm 冲模，根据片重调节下冲深度，调节上冲高度，获得适应压片压力。进行压片操作。

3. 阿司匹林片质量检查

依照药典二部阿司匹林片剂及片剂通则项下的有关规定，检测如下项目。

（1）性状　本品为白色片。

（2）鉴别　取本品的细粉适量（约相当于阿司匹林 0.1g），加水 10mL，煮沸，放冷，加三氯化铁试液 1 滴，即显紫堇色。

（3）硬度　采用硬度计测定硬度，普通片一般能承受 30~40N 的压力即认为硬度合格，包衣片需要略大的硬度，一般应大于 50N。

（4）崩解时限　除另有规定外，照崩解时限检查法（通则 0921）检查，应符合规定。

（5）脆碎　照脆碎度检察法（通则 0923），应符合规定。

（6）重量差异　照下述方法检查，应符合规定。

取供试品 20 片，精密称定总重量，求得平均片重后，再分别精密称定每片的重量，每片重量与平均片重比较（凡含量测定的片剂或有标示片重的中药片剂，每片重量应与标示片重比较），按表 4-3 中的规定，超出重量差异限度的不得多于 2 片，并不得有 1 片超出限度 1 倍。

（7）溶出度

① 标准曲线。精密称取阿司匹林标准品 0.01g，到 100mL 容量瓶中，加少量乙醇溶解，用溶出介质定容，做贮备液。精密量取 2mL、4mL、6mL、8mL、10mL 贮备液置 10mL 容量瓶中，用溶出介质定容，作为标准品溶液，在 274nm 下测吸光度。绘制标准曲线。

② 溶出。照药典溶出度与释放度测定法（通则 0931　第一法）测定。以盐酸溶液（稀盐酸 24mL 加水至 1000mL）1000mL（0.1g、0.3g、0.5g 规格）为溶出介质，转速为 100r/min，依法操作，分别经 10min、20min、30min、40min、50min、60min 时取样。绘制溶出曲线。

（8）含量　照高效液相色谱法（通则 0512）测定。

五、注意事项

1. 压制薄片时如果压力过大，会导致制得的干颗粒可压性变小，不利于后续的压片工艺的进行。

2. 干颗粒的水分含量对片剂质量影响较大，因此应严格控制干颗粒含水量。

3. 干颗粒制备中需要对颗粒进行筛分，对不合规的粉末应进行再次压片，以提高收率。颗粒收集范围以 30~80 目之间为宜。

六、实验结果与讨论

1. 填写实验室压片制造记录表。
2. 记录实验条件、过程、各试剂用量及可观察到的现象。
3. 将实验结果填写片剂生产工艺卡。
4. 讨论片剂干法制粒与湿法制粒的区别及优缺点。

七、思考题

1. 干法制粒的优缺点有哪些？
2. 干法制粒的机械设备有哪些类型？

实验三　维生素 B_2 片的制备及流动性考察——直接压片

一、实验目的

1. 掌握粉末直接压片法的优缺点。
2. 了解直接压片法的工艺过程。
3. 掌握粉末直接压片辅料的流动性、压缩成形性和容纳性的测定方法。
4. 掌握粉末直接压片处方设计步骤，并熟悉直接压片法制成的片剂的质量特点。

二、实验原理

粉末直接压片系指将药物的粉末与适宜的辅料混合后，不经过制备颗粒而直接压片的方法。其优点为：简化片剂生产过程与周期，节约生产成本，大大提高崩解性和溶出速度，在生产过程中药物免受湿热作用，保护药物的稳定性。多数药物或物料的粉末流动性和压缩成形性都比较差，不适合直接压片法。随着新型药用辅料的出现，药用辅料新品种的不断开发、上市，压片设备的不断更新、改进、完善，促进了直接压片法的发展和应用。常用于直接压片的辅料有微晶纤维素、可压性淀粉、喷雾干燥乳糖、磷酸二氢钙水化物等。此外，需加优良的助流剂，如微粉硅胶等。这些辅料的特点是流动性和压缩成形性好。

直接压片法的辅料除符合上述两项要求外，还需要有较大的药物容纳量（即加入较多的药物而不致对其流动性和压缩成形性产生显著的不良影响）及润滑性。

在药剂学中，粉体的流动性常用休止角、压缩指数、流出速度等反映。将粉末堆成尽可能陡的堆（圆锥形），堆的斜边和水平的夹角，即为休止角。一般认为，粉体的休止角小于 40° 时可以满足生产中粉体操作的需求。压缩指数由 Carr 提出，也称 Carr 指数。压缩指数为 5～12 时称为极易流动；12～16 时为易流动；18～21 时为可流动；23～28 时流动性较差；28～35 时流动性差；35～38 时流动性很差；压缩指数大于 40，流动性极差。粉体流动性与构成粉体的粒子大小、形态、表面结构、粉体的孔隙率、密度等性质有关，通过改变这些物理性质可改善粉体的流动性。

1. 适当增大粒径

粒径对粉体流动性有很大影响，当粒径减小时，表面能增大，粉体的附着性和聚集性增大。一般而言，当粒径大于 200μm 时，休止角小，流动性好，随着粒径减小（200～100μm 之间时），休止角增大而流动性减小，当粒径小于 100μm 时，粒子发生聚集，附着力大于重力而导致休止角大幅度增大，流动性差。所以适当增大粒径可改善粉体的流动性，如在流动性不好的粉体中加入较粗的粉粒也可以克服聚合力，使流动性增大。粉体性质不同，流动性各异，粒子内聚力大于自身重力所需的粒径称为临界粒径，控制粒径大小在临界粒径以上，可保证粉体的自由流动。

2. 控制粉粒湿度

粉粒通常吸附有少于 12% 的水分，水分的存在使粉粒表面张力及毛细管力增大，使粒子间的相互作用增强而产生黏性，促使流动性减小，休止角增大。控制粉粒的湿度在某一定值

（通常为5%左右）是保证粉体流动性的重要方法之一。

3. 加入润滑剂

在粉体中加入适量的润滑剂，如滑石粉、氧化镁、硬脂酸镁等。通常，加入比粉粒还要细的物质会使粉体流动性变差，润滑剂能降低固体粉粒表面的吸附力，改善其流动性。当粉粒的表面刚好被润滑剂覆盖，则粉体的润滑性能起润滑作用，反之形成阻力，流动性变差。润滑剂可使片剂不黏冲，并顺利推出。一般滑石粉添加量为1%～2%、硬脂酸镁0.3%～1%。

物料的压缩成形性是指物料是否容易压缩成片的性能。片剂的硬度、抗张强度、弹性复原率等可以评价物料的压缩成形性。另外，用于直接压片的辅料还应具有20%～30%的药物容纳量等性能。

三、实验材料与仪器设备

1. 实验材料

维生素 B_2，可压性淀粉，滑石粉，硬脂酸，微粉硅胶等。

2. 仪器与设备

水分快速测定仪，单冲压片机，片剂四用仪，包衣机，研钵，烧杯，电子天平，电炉，搪瓷盘，筛等。

四、实验内容

1. 维生素 B_2 片的制备

（1）处方

维生素 B_2	3.0g
可压性淀粉	45.5g
硬脂酸-滑石粉（1:1）	1.0g
微粉硅胶	0.5g
制成	600片

（2）制法　称取处方量预处理的维生素 B_2 及辅料混合均匀后直接压片。

2. 单元操作

（1）物料前处理　将原辅料进行粉碎、过筛、称重（质量），将称重好的物料装入容器中待用，器外贴标签，注明名称、批次、日期、操作者姓名等。分别计算粉碎、过筛后的原辅料收率。

$$原(辅)料收率 = \frac{粉碎过筛后质量}{粉碎过筛前质量} \times 100\%$$

检查各称重衡器，核对粉碎工序送来的原辅料名称、批号等。根据处方对物料进行称重。

（2）混合　向主药中依次加入润滑剂，外加崩解剂等辅料，分次进行混合。

（3）压片　压片是指将药物与赋形剂等辅料经加工后压制成片剂的单元操作。本实验采用单冲压片机进行压片操作。

片重计算：取干燥后的颗粒研细，精确称取适量（相当于维生素 B_2 0.05g），置于锥形瓶中（按照药典中维生素 B_2 含量的测定方法测定），计算出每克干颗粒中所含维生素 B_2 的克数。

$$每片颗粒重 = \frac{每片应含主药含量}{干颗粒中主药的质量分数}$$

$$片重 = 每片颗粒重 + 压片前每片加入辅料的量$$

选择5.5mm冲模，根据片重调节下冲深度，调节上冲高度，获得适应压片压力，进行压片操作。

3. 考察比较原、辅料的流动性

（1）休止角　采用固定圆锥底法。取底盘半径为r的培养皿，将漏斗固定在铁架台上，漏斗出口与底盘距离为h。取约30g微晶纤维素球形颗粒、可压性淀粉、结晶乳糖粉末，分别从漏斗慢慢加入，使辅料经过漏斗逐渐堆积在底盘上，形成锥体，直至得到稳定的锥形粉末堆为止。测定锥体高度h，每种样品测定3次，取平均值，按下式计算休止角α：

$$\alpha = \arctan(h/r)$$

（2）压缩指数　将一定量粉体在无振动的条件下装入量筒中，依据粉体的重量和体积求出其初始堆密度D_0。振动量筒至粉体体积达恒定。振动条件：振动频率为50~60Hz，振动幅度为0.05~0.06mm，振动时间为1min。计算振动压缩后的堆密度D_f，其压缩指数可用下式求出：

$$压缩指数 = \frac{D_f - D_0}{D_f} \times 100\%$$

4. 质量检查

依照药典二部维生素B_2片剂项下的有关规定，检测如下项目。

（1）硬度　采用硬度计测定硬度，普通片一般能承受30~40N的压力即认为硬度合格，包衣片需要略大的硬度，一般应大于50N。

（2）崩解时限　除另有规定外，照崩解时限检查法（通则0921）检查，应符合规定。

五、实验结果与讨论

1. 记录实验条件、过程、各试剂用量及可观察到的现象。
2. 记录各物料休止角的测定结果，记录于表4-9并讨论。（$r=$_____cm）。

表4-9　添加不同润滑剂物料休止角

名称	h_1/cm	h_2/cm	h_3/cm	休止角α
滑石粉				
微粉硅胶				
硬脂酸镁				
维生素B_2				
处方混合物				

3. 记录各物料的压缩指数并讨论。

六、思考题

1. 直接压片法与制粒压片法相比有什么优缺点？

2. 简述直接压片法的工艺过程。
3. 如何确定药物可否采用直接压片工艺进行生产？

实验四　甲硝唑注射液的制备及质量检查

一、实验目的

1. 掌握注射剂的生产工艺过程和操作要点。
2. 掌握注射剂成品质量检查的标准和方法。
3. 掌握注射剂稳定化方法。
4. 了解注射剂灌装量的调节要求。

二、实验原理

注射剂又称针剂，系将药物制成供注入体内的无菌制剂。注射剂按分散系统可分为四类，即溶液型注射剂、混悬型注射剂、乳剂型注射剂、注射用无菌粉末（无菌分装及冷冻干燥）。由于注射剂直接注入人体内部，故吸收快，作用迅速，为保证用药的安全性和有效性，必须对成品生产和成品质量进行严格控制。注射剂由药物、溶剂、附加剂及特制的容器组成。

注射剂可分为注射液、注射用无菌粉末与注射用浓溶液。注射液包括溶液型、乳状液型和混悬型注射液，可用于肌内注射、静脉注射、静脉滴注等。其中，供静脉滴注用的大体积（除另有规定外，一般不小于100mL）注射液也称静脉输液。注射用无菌粉末系指药物制成的供临用前用适宜的无菌溶液配制成澄清溶液或均匀混悬液的无菌粉末或无菌块状物，可用适宜的注射用溶剂配制后注射，也可用静脉输液配制后静脉滴注。注射用浓溶液系指药物制成的供临用前稀释供静脉滴注用的无菌浓溶液。

注射剂的制备过程由五大部分组成，即水处理系统、容器的处理系统、处方配制和灌封系统、消毒灭菌系统以及灯检包装系统。本实验主要学习注射剂的处方配制和灌封及质量检测。下面以溶液型注射剂为例说明注射剂的制备工艺流程。

溶液型注射剂制备过程工艺流程如下：

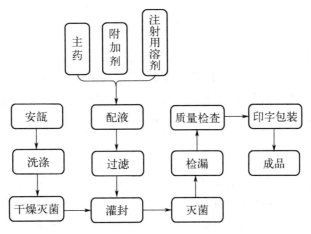

一个合格的注射剂必须是澄明度合格、无菌、无热原、安全性合格（无毒性、溶血性和

刺激性)、在贮存期内稳定有效，pH值、渗透压（大容量注射剂）和药物含量应符合要求。注射液的pH值应接近体液，一般控制在4～9范围内，特殊情况下可以适当放宽，如磺胺嘧啶钠注射液的pH值为9.5～11.0、葡萄糖注射液的pH值为3.2～5.5等。具体注射剂品种的pH值的确定主要依据以下三个方面，首先是满足临床需要，其次是满足制剂制备、贮藏和使用时的稳定性，最后要满足人体生理可承受性。凡大量静脉注射或滴注的输液，应调节其渗透压与血浆渗透压相等或接近。凡在水溶液中不稳定的药物常制成注射用灭菌粉末即无菌冻干粉针或无菌粉末分装粉针，以保证注射剂在贮存期内稳定、安全、有效。

为了达到上述质量要求，在注射剂制备过程中，除了生产操作区符合《药品生产质量管理规范》（GMP）要求、操作者严格遵守GMP规程外，药物、附加剂及溶剂等均需符合注射用质量标准，其处方必须采用法定处方，其制备方法必须严格遵守拟定的产品生产工艺规程，不得随意更改。

甲硝唑是硝基咪唑类衍生物，属于广谱抗生素。甲硝唑注射液是甲硝唑加氯化钠适量使成等渗的灭菌水溶液，是我国药品中重要的制剂之一，临床应用广泛。甲硝唑制剂在临床上主要用于预防和治疗厌氧菌引起的感染。

本品为无色至微黄色的澄明液体。本品含甲硝唑应为标示量的93.0%～107.0%。

三、实验材料与仪器设备

1. 实验材料

甲硝唑，针用活性炭，氯化钠，注射用水等。

2. 仪器与设备

电热鼓风干燥箱，高压灭菌锅，渗透压测定仪，液相色谱仪等。

四、实验内容

1. 处方

甲硝唑	0.5g
氯化钠	适量（0.8g）
针用活性炭	0.1g
注射用水	加至100mL

2. 制备

称取甲硝唑和氯化钠。取氯化钠配成总量20%的溶液，加0.3%的活性炭，煮沸5～10min，过滤备用；另取甲硝唑溶于适量的注射用水（约占总量的80%），按配制量加0.05%的活性炭，并将上述氯化钠溶液缓缓加入，搅匀，静置15min，过滤，加注射用水至全量，经含量及pH值测定合格后，精滤，灌封，115℃加热灭菌30min，检漏。pH应在4.5～7.0之间。

3. 单元操作

（1）空安瓿的处理 空安瓿在用前先用常水冲刷外壁，然后将安瓿中灌入常水甩洗2次（如果安瓿清洁度差，须用0.5%醋酸或盐酸溶液灌满，100℃加热30min），再用过滤的蒸馏水或去离子水甩洗两次，最后用澄明度合格的注射用水洗一次，120～140℃烘干，备用。

（2）滤器等的处理 配制用的一切容器使用前要用洗涤剂或硫酸清洁液处理洗净，临用前用新鲜注射用水荡洗，以避免引入杂质及热原。

① 垂熔玻璃滤器。常用的垂熔玻璃滤器有漏斗和滤球，G_3 号可用于常压过滤，G_4 号可用于减压或加压过滤，G_6 号可用于除菌过滤。处理时可先用水反冲，除去上次滤过留下的杂质，沥干后用洗液（1%~2%硝酸钠硫酸洗液）浸泡处理，用水冲洗干净，最后用注射用水过滤，至滤出水检查 pH 值不显酸性，并检查澄明度至合格为止。

② 微孔滤膜。常用的是由醋酸纤维素、硝酸纤维素混合酯组成的微孔滤膜。经检查合格的微孔滤膜（0.22μm 可用于除菌滤过、0.45μm 可用于一般滤过）浸泡于注射用水中 1h，煮沸 5min，如此反复三次；或用 80℃注射用水温浸 4h 以上，室温则需浸泡 12h，使滤膜中纤维充分膨胀，增加滤膜韧性。使用时用镊子取出滤膜且使毛面向上，平放在膜滤器的支撑网上，平放时注意滤膜不皱褶或无刺破，使滤膜与支撑网边缘对齐以保证无缝隙，无泄漏现象，装好盖后，用注射用水过滤，滤出水澄明度合格，即可备用。

③ 乳胶管。先用水揉洗，再用 0.5%~1%氢氧化钠溶液适量，煮沸 30min，洗去碱液；再用 0.5%~1%盐酸水溶液适量，煮沸 30min，用蒸馏水洗至中性，再用注射用水煮沸即可。

（3）注射液的配制　称取甲硝唑和氯化钠。取氯化钠配成 20%的溶液，加 0.3%的活性炭，煮沸 5~10min，过滤备用；另取甲硝唑溶于适量的注射用水（约占总量的 80%），按配制量加 0.05%的活性炭，并将上述氯化钠溶液缓缓加入，搅匀，静置 15min，过滤，加注射用水至全量，经含量及 pH 值测定合格后，再用 0.22μm 孔径的微孔滤膜精滤，检查滤液澄明度，合格后即可灌装。

（4）灌装

① 灌封器的处理。首先要检查灌注器玻璃活塞是否严密不漏水，用洗液浸泡再分别用常水、蒸馏水抽洗灌装器直至不显酸性，最后用注射用水抽洗至流出水澄明度检查合格，即可用于灌装药液。

② 装量调节。在灌装前先调节灌注器装量，按《中国药典》（2020 年版）的规定，为了保证在使用时能够满足临床剂量要求，应适当增加装量。不同标示装量应增加的装量见表 4-10。

表 4-10　注射剂装量

标示装量/mL	增加装量/mL		标示装量/mL	增加装量/mL	
	易流动液	黏稠液		易流动液	黏稠液
0.5	0.10	0.12	10.0	0.50	0.70
1.0	0.10	0.15	20.0	0.60	0.90
2.0	0.15	0.25	50.0	1.00	1.50
5.0	0.30	0.50			

③ 灌装操作。将过滤合格的药液，立即灌装于 10mL 安瓿中，10.50mL/支，随灌随封。灌装时要求装量准确、药液不沾颈壁，以免熔封时产生焦头。一般措施是使药液瓶略低于灌注器位置，灌注针头先用硅油处理，快拉慢压可以防止焦头。

（5）熔封　熔封分顶封和拉封，因顶封时可能封口不严，近年来已不用。拉封时可将颈部置于火焰温度最高处，掌握好安瓿在火焰中停留时间，待玻璃完全软化，先用镊子夹住顶端慢拉，拉细处继续在火焰上烧片刻，再拉断，避免出现细丝。熔封后的安瓿顶部应圆滑、无尖头或鼓泡等现象。

熔封灯火焰调节：熔封时要求火焰细而有力，燃烧完全。单焰灯在黄蓝两层火焰交界处温度最高；双焰灯的两火焰应有一定夹角，火焰交点处温度最高。

（6）灭菌与检漏　灌封好的安瓿，应及时灭菌，小容量针剂从配制到灭菌应在12h内完成，大容量针剂应在4h内灭菌。小容量针剂可采用100℃流通蒸汽灭菌15min。大容量针剂一般采用115℃热压灭菌30min。灭菌完毕立即将安瓿放入1%亚甲蓝或曙红溶液中，挑出药液被染色的安瓿。将合格安瓿外表面用水洗净，擦干，供质量检查用。

4. 质量检查与评定

本品为甲硝唑加氯化钠适量使成等渗的灭菌水溶液。含甲硝唑（$C_6H_9N_3O_3$）应为标示量的93.0%～107.0%。本品为无色至微黄色的澄明液体。

（1）装量　按《中国药典》（2020年版）四部通则0102注射剂检查方法进行，2mL至50mL安瓿检查3支，每支装量均不得少于其标示量装量。

检查法：取供试品，开启时注意避免损失，将内容物分别用相应体积的干燥注射器及注射针头抽尽，然后注入经标化的量具内（量具的大小应使待测体积至少占其额定体积的40%），在室温下检视。每支的装量均不得少于其标示量。

（2）渗透压摩尔浓度　照渗透压摩尔浓度测定法（通则）0632测定，应符合规定。

（3）可见异物　照可见异物检查法（通则0904）检查，应符合规定。本实验采用第一法（灯检法），采用伞棚式装置（见图4-4），本装置带有遮光板的日光灯光源，光照度可在1000～4000lx范围内调节，带有不反光的黑色背景，不反光的白色背景和底部（供检查有色异物），反光的白色背景（指遮光板内侧）。其中无色溶液注射剂采用照度为1000～1500lx的装置，有色溶液注射剂采用照度为2000～3000lx的装置，检品至人眼的距离为25cm。

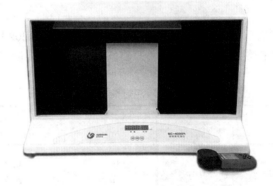

图4-4　灯检法装置图

取检品20支，擦净安瓿外壁，集中置于伞棚边缘处，手持安瓿颈部使药液轻轻翻转，用目检观察药液中有无肉眼可见的玻屑、白点、纤维等异物，结果列于表4-11中。

（4）不溶性微粒　照不溶性微粒检查法（通则0903）检查，应符合规定。

（5）pH值测定　应为4.5～7.0。

（6）含量测定　按药典二部测定，应为标示量的93.0%～107.0%。照高效液相色谱法（通则0512）测定。

供试品溶液：精密量取本品适量，用流动相定量稀释制成每1mL中约含甲硝唑0.25mg的溶液，摇匀。

对照品溶液：取甲硝唑对照品适量，精密称定，加流动相溶解并定量稀释制成每 1mL 中约含 0.25mg 的溶液。

色谱条件：流动相为甲醇：水（20∶80）；检测波长为 320nm；进样体积 10μL。

系统适用性要求：理论板数按甲硝唑峰计算，不低于 2000。

测定法：精密量取供试品溶液与对照品溶液，分别注入液相色谱仪，记录色谱图。按外标法以峰面积计算。

（7）细菌内毒素（鲎试剂检查法）取本品，依法检查（通则 1143），每 1mg 甲硝唑中含内毒素的量应小于 0.35EU。

（8）无菌检查　按《中国药典》检查，应符合规定。

（9）其他　应符合注射剂项下有关的各项规定（通则 0102）。

五、注意事项

1. 氯化钠原料中含有的钙盐、镁盐等杂质，易与水中 CO_3^{2-} 生成沉淀，影响澄明度。

2. 甲硝唑注射液在配制时，活性炭对甲硝唑有较强的吸附作用，因此可能导致成品甲硝唑含量偏低。

3. 甲硝唑与铁接触可能会出现白色浑浊，因此可以加入 0.02% 左右的枸橼酸作为稳定剂。

六、实验结果与讨论

1. 可见异物检查结果见表 4-11。

表 4-11　可见异物检查结果

检查总数	废品数/支					合格品数/支	合格率/%
	玻璃屑	纤维	白点	焦头	其他	总数		

2. 将质量检查各项结果填于表 4-12 中，并进行分析讨论。

表 4-12　注射剂各项检查结果

检查项目	结果
pH	
含量	
颜色	
装量	
可见异物	

七、思考题

1. 制备易氧化药物的注射剂应注意哪些问题？
2. 制备注射剂的操作要点是什么？

实验五　双氯芬酸钾软膏剂的制备

扫码看视频

一、实验目的

1. 掌握不同类型基质软膏剂的制备方法。
2. 掌握软膏中药物释放的测定方法，比较不同基质对药物释放的影响。

二、实验原理

软膏剂系指药物与适宜基质混合均匀制成的具有适当稠度的膏状外用制剂。它可在局部发挥疗效，也可透过皮肤吸收进入体循环产生全身治疗作用。除主药和基质外，软膏剂必要时可加入一些附加剂，如透皮吸收促进剂、保湿剂、防腐剂等。

1. 基质

在软膏剂中，基质占软膏的绝大部分。基质不仅是软膏的赋形剂，同时也是药物载体，对软膏剂的质量、药物的释放以及药物的吸收都有重要影响，常用的软膏基质根据其组成可分为三类：

（1）油脂性基质　此类基质包括烃类、类脂及动植物油脂。此类基质中除植物油和蜂蜡加热熔合制成的单软膏和凡士林可单独用作软膏基质外，其他油脂性成分如液体石蜡、羊毛脂等多用于调节软膏稠度，以得到适宜的软膏基质。

（2）乳剂型基质　由半固体或固体油溶性成分、水溶性成分和乳化剂三种成分组成。常用的乳化剂有肥皂类、高级脂肪醇与脂肪醇硫酸酯类、多元醇酯类如三乙醇胺皂、月桂醇硫酸钠、聚山梨酯-80等。根据使用不同的乳化剂，可制得O/W型和W/O型软膏。用乳剂型基质制备的软膏剂也称乳膏剂。

（3）水溶性基质　由天然或合成的水溶性高分子物质所组成。常用的有甘油、明胶、纤维素衍生物、聚乙二醇（PEG）、聚丙烯酸等。

2. 软膏剂的制备工艺

对于制备软膏剂用的固体药物，除在基质的某一组分中溶解或共熔者外，应预先用适量的方法制成细粉。

软膏剂的制备方法有研和法、熔和法和乳化法等，可根据药物和基质性质、制备的量及设备条件等具体情况选择适宜的制备方法。由半固体和液体成分组成的软膏基质常用研和法制备，即先取药物与部分基质或适宜液体研磨成细腻糊状，再递加其他基质研匀（取少许涂于手上无砂砾感）。若软膏基质由熔点不同的成分组成，在常温下不能均匀混合时，采用熔和法制备，即基质中可溶性的药物可直接加到熔化的基质中，不溶性药物可粉筛加入熔化或软化的基质中，搅匀至冷凝即得。乳剂型软膏剂采用乳化法制备，即将油溶性物质加热至70～80℃使熔化（必要时可用筛网滤除杂质），另将水溶性成分溶于水中，加热至较油相成分相同或略高温度，将水相慢慢加入油相中，边加边搅至冷凝即得。工艺流程如下：

（1）研和法　固体药物→研细→加部分基质或液体→研磨至细腻糊状→递加其余基质研磨→成品。

（2）熔和法　基质→水浴加热熔化→加入其他基质、液体成分→搅拌至全部基质熔化→搅拌下加入研细的药物→搅拌冷凝至稠膏状（成品）。

（3）乳化法　油溶性物质（包括主药及油脂基质）→搅拌下加热至约80℃熔融；水溶性物质（包括主药和水溶性辅料）溶于水中→加热至与油相温度相近时，将油相逐渐加入水相→搅拌混合→搅拌冷凝至稠膏状。

三、实验材料与仪器设备

1. 实验材料

双氯芬酸钾，液状石蜡，凡士林，十八醇，单硬脂酸甘油酯，十二烷基硫酸钠，甘油，对羟基苯甲酸乙酯，司盘-40，乳化剂OP，羧甲基纤维素钠，苯甲酸钠、卡波姆940等。

2. 仪器与设备

搅拌器，水浴锅，锥入度计，研钵，蒸发皿，玻璃管，透皮仪，紫外-可见分光光度计等。

四、实验内容

1. 单软膏的制备

（1）处方　处方号为Ⅰ。

组成	质量
蜂蜡	6.6g
植物油	6.7g

（2）制备　取处方量蜂蜡于蒸发皿中，置水浴上加热，熔化后，缓缓加入植物油，搅拌均匀，自水浴上取下，不断搅拌至冷凝，即得。

（3）操作注意　加入植物油后应不断搅拌混匀，再从水浴取下搅拌至冷凝，否则容易分层。

2. 乳剂型软膏基质的制备

A. O/W型乳剂型软膏基质的制备

（1）处方　处方号为Ⅱ。

组成	用量
硬脂醇	1.8g
白凡士林	2.0g
液体石蜡	1.3mL
月桂醇硫酸钠	0.2g
尼泊金乙酯	0.02g
甘油	1.0g
蒸馏水	适量
制成	20.0g

（2）制备　取油相成分（硬脂醇、白凡士林和液体石蜡）于蒸发皿中，置水浴上加热至70~80℃使其熔化；取水相成分（月桂醇硫酸钠、尼泊金乙酯、甘油和计算量蒸馏水）适量于蒸发皿（或小烧杯）中加热至70~80℃，在搅拌下将水相成分以细流状加入油相成分中，在水浴上继续保持恒温并搅拌几分钟，然后在室温下继续搅拌至冷凝，即得O/W型乳

剂型基质。

B. W/O型乳剂型软膏基质

（1）处方　处方号为Ⅲ。

组成	用量
单硬脂酸甘油酯	6g
白凡士林	2.0g
聚山梨酯-80	0.4g
蜂蜡	2g
液体石蜡	2.0g
尼泊金乙酯	0.04g
固体石蜡	2.0g
司盘80	0.8g
蒸馏水	适量
制成	40.0g

（2）制备　取油相成分（单硬脂酸甘油酯、白凡士林、蜂蜡、液体石蜡、固体石蜡、司盘80）于蒸发皿（或小烧杯）中，水浴加热至80℃，使其熔化；取水相成分（聚山梨酯-80、尼泊金乙酯、蒸馏水）于小烧杯中，加热至80℃，搅拌下将水相缓缓加入油相，恒温搅拌几分钟至混合均匀。在室温下搅拌至冷凝，即得。

（3）操作注意　制备中注意控制温度。

3. 水溶性软膏基质的制备

A. 卡波姆凝胶基质的制备

（1）处方　处方号为Ⅳ。

组成	用量
卡波姆940	0.75g
甘油	25g
蒸馏水	19mL
1%苯甲酸钠水溶液	1mL
15%三乙醇胺水溶液	5mL

（2）制备

① 在搅拌下，将卡波姆940缓慢加入甘油中，搅拌至卡波姆940全部分散。

② 加处方量蒸馏水，搅拌均匀后，加三乙醇胺溶液，加热至胶体沸腾，以驱尽空气泡，煮沸10min，冷却至室温，加入苯甲酸钠水溶液，搅拌均匀，即得。

（3）操作注意

① 卡波姆在搅拌时容易产生气泡，所以胶体加热时间一般应以除尽气泡为度。

② 1%苯甲酸钠溶液的配制：称取苯甲酸钠1g，用蒸馏水定容至100mL，即得；15%三乙醇胺溶液的配制：称取三乙醇胺15g，加蒸馏水稀释至100mL，即得。

B. 甲基纤维素软膏基质

（1）处方　处方号为V。

组成	用量
甲基纤维素	1.2g
1%苯甲酸钠水溶液	0.04g
甘油	2.0g
蒸馏水	适量
制成	20.0g

（2）制备

① 取处方量甲基纤维素于研钵中，加处方量甘油研匀，边研边将苯甲酸钠水溶液及处方量蒸馏水缓缓加入，研匀即得。

② 1%苯甲酸钠溶液的配制：称取苯甲酸钠1g，用蒸馏水定容至100mL，即得。

4. 5%双氯酚酸钾软膏剂的制备

（1）处方　处方号为Ⅰ～Ⅴ。

组成	用量
双氯芬酸钾	0.5g
不同类型基质	9.5g
制成	10.0g

（2）制备

① 双氯酚酸钾单软膏剂的制备：称取双氯酚酸钾粉末0.5g置于研钵中，分次加入单软膏基质9.5g，研匀，即得。

② 双氯酚酸钾凡士林软膏剂的制备：称取凡士林9.5g于蒸发皿中，置水浴上加热熔化，搅拌下加入双氯酚酸钾粉末0.5g，搅匀，冷却凝固，即得。

③ 双氯酚酸钾O/W乳剂型软膏的制备：称取双氯酚酸钾粉末0.5g置于研钵中，分次加入O/W型乳剂基质9.5g，研匀，即得。

④ 双氯酚酸钾W/O乳剂型软膏的制备：称取双氯酚酸钾粉末0.5g置于研钵中，分次加入W/O型乳剂基质9.5g，研匀，即得。

⑤ 双氯酚酸钾水溶性软膏剂的制备：称取双氯酚酸钾粉末0.5g置于研钵中，分次加入水溶性基质9.5g，研匀，即得。

（3）操作注意　双氯酚酸钾需先粉碎成细粉（过100目筛）。

5. 不同基质的软膏剂中药物释放速度的比较

（1）取已制备的5种双氯酚酸钾软膏剂，分别填装于释放装置见图4-5的供给池中（装填约为1.5cm高的量），擦净池口边缘多余的软膏剂，池口用玻璃纸包扎，使玻璃纸无皱褶且与软膏紧贴无气泡，以保持固有释放面积。

（2）将上述装有软膏剂的供给池置于接收池上（玻璃纸面朝向接收池，并放入小磁子），用夹子紧固两池后，将32℃的释放介质蒸馏水装入接收池，排净气泡，并记录接收液的体积，将释放装置置于32℃±1℃的恒温水浴中，转速适宜（250r/min），分别于15min、30min、45min、60min、90min、120min和150min取样，每次取出全部接收液（或定量吸取5mL），并同时补加同体积的蒸馏水，按下步（3）中含量测定方法测定释放液中双氯酚酸钾的含量。

（3）含量测定

① 标准曲线的制备。精密称取经105℃干燥至恒重的双氯酚酸钾对照品适量，加水溶解并定量稀释成每1mL中含5μg、7.5μg、10μg、12.5μg、15μg和17.5μg的溶液，照分光光度法（《中国药典》4部通则），在275nm的波长处测定吸光度，以浓度为横坐标、吸光度为纵坐标进行线性回归，得标准曲线。

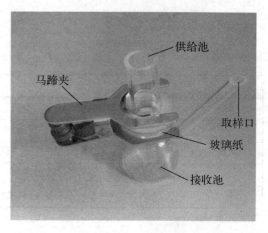

图 4-5　释放装置（立式扩散池）示意图

② 样品含量测定。将各时间取样的样品液在275nm波长处测定吸光度，将吸光度代入标准曲线中计算药物浓度，并求得各时间药物累积释放量。

五、注意事项

1. 在测定释放样品药物含量时，如果吸光度超过0.8，则用水适当稀释后再测定，测定后要将稀释的倍数代入结果中。

2. 接收池中的释放介质注意要加满，不应有气泡。

六、实验结果与讨论

1. 将制得的双氯酚酸钾软膏涂布在自己的皮肤上，评价是否细腻，比较几种软膏的黏稠性与涂布性，讨论软膏中各组分的作用。

2. 记录不同时间药物的释放量，列于表4-13中。以释药量对时间作图，得不同基质的双氯酚酸钾软膏的释放曲线，讨论不同基质中药物释放速度的差异。

表 4-13　不同基质软膏释放量　　　　　　　　　　　单位：mg

时间/min	基质				
	单软膏	O/W乳剂型基质	W/O乳剂型基质	水溶性基质A	水溶性基质B
15					
30					
45					
60					
90					
120					

七、思考题

1. 油脂性、乳剂型和水溶性软膏基质的作用特点有哪些？
2. 试比较乳剂型软膏基质与乳剂在组成和作用等方面有何不同。
3. 在软膏剂的制备过程中药物如何加入？
4. 影响药物从软膏剂中释放的因素有哪些？
5. 药物释放实验中，半透膜的选择有何要求？

实验六 溶液型液体制剂的制备

一、实验目的

1. 掌握常用溶液型液体制剂的制备方法。
2. 掌握溶液型液体制剂的质量评价标准及检查方法。
3. 了解液体制剂中常用附加剂的作用、用量及正确使用方法。

二、实验原理

液体制剂（liquid pharmaceutical preparations）是指药物分散在适宜的分散介质中制成的可供内服或外用的液体形态的制剂。

按分散系统分类，液体制剂分为均相液体制剂和非均相液体制剂。前者是药物以分子或离子状态均匀分散的澄清溶液，为热力学稳定体系。后者是多相分散体系，为热力学不稳定系统，包括溶胶剂、乳剂和混悬剂。

溶液型液体制剂是一种真溶液，外观均匀、澄明，主要供内服和外用。常用的分散介质是水、乙醇、丙二醇、甘油、脂肪油等。

溶液型液体制剂分为低分子溶液剂和高分子溶液剂。前者指小分子药物的真溶液，包括溶液剂、芳香水剂、糖浆剂、甘油剂、酊剂、醑剂、合剂、洗剂、涂剂等；后者是高分子化合物的真溶液。由于高分子的分子量大，分子尺寸大，因此，高分子溶液剂又属于胶体系统，具有胶体溶液特有的性质。

低分子溶液剂的制备方法主要有溶解法、稀释法。其中溶解法最为常用，一般制备过程为：称量→溶解→混合→过滤→加分散介质至全量。高分子溶液的配制方法类同于低分子溶液剂，但药物溶解时，首先要经过溶胀过程。宜将高分子分次撒布于水面上，使其自然膨胀，然后再搅拌或加热使高分子最终溶解。

配制药物溶液时，液体药物以量取为主，单位常用 mL 或 L 表示；固体药物以称量为主，单位常用 g 或 kg 表示。以液滴计数的药物，要用标准滴管，标准滴管在 20℃时，1mL 蒸馏水应为 20 滴，其重量范围应在 0.90～1.10g 之间。

在配制溶液时，一般先加入复合溶剂、助溶剂、稳定剂等，再加入药物。难溶性药物先加入，易溶性药物、液体药物及挥发性药物后加入。酊剂加到水溶液中，速度要慢，并且应边加边搅拌，以防止酊剂中的物质析出。

为了加速溶解，可将药物研细，先用 50%～75% 的分散介质溶解，必要时可以搅拌或加热，但遇热不稳定的药物或溶解度反而下降的药物不宜采取此方法。

成品应进行质量检查，质量检测的项目一般包括外观、色泽、pH、含量等。质量检测合格后选用洁净容器包装，并贴上标签，注明用法用量。

三、实验材料与仪器设备

1. 实验材料

薄荷油、滑石粉、轻质碳酸镁、活性炭、碘化钾、碘、硫酸亚铁、蔗糖、香精、甲酚、软皂、大豆油、氢氧化钠、胃蛋白酶、稀盐酸、甘油、蒸馏水、新鲜牛奶、醋酸钠缓冲液等。

2. 仪器与设备

烧杯、量筒、容量瓶、广口瓶、滤器、滤膜、电炉、水浴锅、脱脂棉、纱布、研钵、吸管、洗耳球等。

四、实验内容

A. 低分子溶液剂

1. 芳香水剂（薄荷水）的制备（分散溶解法）

（1）处方

薄荷油	0.2mL
蒸馏水	加至100mL

（2）制备　精密量取薄荷油0.2mL，称取1.0g滑石粉，在研钵中研匀，移至带盖广口瓶中，向瓶中加入105～110mL蒸馏水，加盖，用力振摇15min后静置。待观察到滑石粉已沉至底部后，将上层清液吸出，过滤至100mL容量瓶中。若溶液不清，可重复过滤一次，即得薄荷水。

另用轻质碳酸镁、活性炭各1.5g，分别按上述方法制备薄荷水。

（3）操作注意

① 滑石粉等分散剂应与薄荷油充分研匀，以利加速溶解过程。

② 蒸馏水应是新煮沸放冷后的蒸馏水。

③ 分散法是制备芳香水剂最常用的方法。将挥发油与惰性吸附剂充分混合，加入蒸馏水振摇一定时间后，经过滤得澄明液。将挥发油吸附于分散剂上，可以增加挥发油与水的接触面积，因而更易形成饱和溶液。

④ 本品为薄荷油的饱和水溶液，其浓度约0.05%（mL/mL）。但为确保形成薄荷油的饱和溶液，处方中薄荷油的用量为溶解量的4倍，多余的薄荷油会被滑石粉吸附除去。

（4）质量检查　比较3种分散剂所制备的薄荷水的pH、澄明度、臭味等。

2. 复方碘溶液（助溶法）

（1）处方

碘	1g
碘化钾	2g
蒸馏水	加至20mL

（2）制备　取碘化钾，加蒸馏水6～10mL，配成浓溶液，再加入碘，搅拌使溶解，最后

添加适量蒸馏水至全量（20mL），即得。

（3）质量检查　观察复方碘溶液的外观与性状。

（4）操作注意

① 为使碘能迅速溶解，宜先将碘化钾加适量蒸馏水（不得少于处方量的1/5，最适为处方量的1/2）配制成浓溶液，然后再加入碘溶解。

② 碘有腐蚀性，勿接触皮肤与黏膜。

③ 为保持稳定，碘溶液宜保存在密闭棕色玻璃瓶中，且不得直接与木塞、橡皮塞、金属塞接触。

④ 碘在水中溶解度小（1∶2950），加入碘化钾做助溶剂，可有效提高碘的溶解度，同时使碘稳定不易挥发，并减少其刺激性。内服复方碘溶液时，需稀释至5～10倍，以减少溶液对口腔黏膜的刺激性。

⑤ 本品主要用于地方性甲状腺肿的治疗和预防；甲亢术前准备；甲亢危象等。

3. 硫酸亚铁糖浆（溶解法制备）

（1）处方

硫酸亚铁	2.0g
稀盐酸	1.5mL
单糖浆	80mL
香精	适量
蒸馏水	加至100mL

（2）制备

① 量取蒸馏水45mL，煮沸，加入蔗糖85g，搅拌溶解后，继续加热至100℃，趁热用脱脂棉过滤，在滤器脱脂棉上继续添加适量的热水滤过，使滤液冷至室温时为100mL，搅匀，即得单糖浆。

② 量取蒸馏水约15mL，加入处方量的硫酸亚铁、稀盐酸，搅拌使其溶解，溶解后过滤。滤液中加入单糖浆，搅拌均匀，加入适量香精，补加蒸馏水至100mL，混匀，即得。

（3）质量检查　观察成品的外观与性状，测定溶液的pH。

（4）操作注意

① 配制单糖浆时，蔗糖溶解后继续加热至100℃，保持此温度的时间不宜过久，以免引起过多的蔗糖转化，甚至产生焦糖使糖浆呈棕色。

② 糖浆用脱脂棉过滤速度较慢，可用多层纱布过滤，接触面大而滤速快。过滤时糖浆温度较高，防止烫伤。

③ 硫酸亚铁在不同pH环境下溶解性不同，低pH有利于其溶解，且溶解部分主要以二价铁离子态存在，有利于人体对铁的吸收。此外，硫酸亚铁在水中易氧化，加入稀盐酸使溶液成酸性，能促使蔗糖转化为果糖和葡萄糖，具有还原性，有助于阻止硫酸亚铁的氧化。硫酸亚铁的咸涩味及铁腥味较重，对胃刺激较大。单糖浆有矫味作用，使溶液易被患者接受。

④ 本品主要用于缺铁性贫血的治疗。

B. 甲酚皂溶液

（1）处方

组成	处方号	
	Ⅰ	Ⅱ
甲酚	25mL	25mL
大豆油	8.65g	—
软皂	—	25g
氢氧化钠	1.35g	—
蒸馏水	加至 50mL	

（2）制备

① 处方Ⅰ。取氢氧化钠，加蒸馏水 5mL，溶解后，加入大豆油，置水浴上温热，不停地搅拌使均匀乳化至取溶液 1 滴，加蒸馏水 9 滴，无油滴析出，即为完全皂化。加入甲酚，搅拌，放冷，再添加适量蒸馏水使成 50mL，搅匀，即得。

② 处方Ⅱ。取甲酚、软皂和适量蒸馏水，置水浴中温热，搅拌溶解，添加蒸馏水稀释至 50mL，即得。

（3）质量检查

① 观察两种成品外观、性状。

② 分别量取处方Ⅰ和Ⅱ所制备的成品 1mL，各加蒸馏水稀释至 100mL，观察并比较其外观。

（4）操作注意

① 甲酚在较高浓度时，对皮肤有刺激性，操作宜慎重。

② 采用处方Ⅰ法制备时，皂化程度完全与否与成品质量有密切关系。为促进皂化完全，可加入少量乙醇（约占全量的 5.5%），待反应完全后再加热除去乙醇。

③ 甲酚抗菌作用较苯酚强 3～10 倍，而毒性几乎相等，故治疗指数高。能杀灭包括分枝杆菌在内的细菌繁殖体。2%溶液经 10～15min 能杀死大部分致病性细菌，2.5%溶液 30min 能杀灭结核杆菌。由于甲酚在水中溶解度低（1∶50），因此常利用肥皂进行增溶，配成 50%甲酚皂溶液（又名来苏儿）。甲酚皂溶液是由甲酚、肥皂、水 3 种组分形成的复杂体系，具有胶体溶液的特性。甲酚皂溶液易与水混合，加水稀释后亦不浑浊，可以配成不同浓度，因此使用非常方便。

④ 用途 消毒防腐药。1%～2%溶液用于手和皮肤消毒；3%～5%溶液用于器械、用具消毒；5%～10%溶液用于排泄物消毒。

C. 高分子溶液剂（胃蛋白酶合剂）

（1）处方

胃蛋白酶	2.0g
稀盐酸	1.5mL
甘油	20mL
蒸馏水	加至100mL

(2)制备

① Ⅰ法。取稀盐酸与处方量约 2/3 的蒸馏水混合后,将胃蛋白酶撒在液面,静置一段时间,使其膨胀溶解,必要时轻加搅拌。加甘油混匀,并补加蒸馏水至全量,混匀,即得。

② Ⅱ法。取胃蛋白酶加稀盐酸研磨,加蒸馏水溶解后加入甘油,补加蒸馏水至全量,混匀,即得。

(3)质量检查

① 测定胃蛋白酶合剂的 pH。

② 比较两种方法制备的胃蛋白酶合剂的质量,可用活力试验考察(见本实验附录部分)。

(4)操作注意

① 胃蛋白酶极易吸潮,称取操作宜迅速。

② 强力搅拌对胃蛋白酶的活性和稳定性均有影响,应避免。

③ 本品一般不宜过滤。因为胃蛋白酶等电点为 2.75~3.00,溶液的 pH 在其等电点以下时,胃蛋白酶带正电荷,而润湿的滤纸和棉花带负电荷,过滤时会吸附胃蛋白酶。如确需滤过时,滤材需先用与胃蛋白酶合剂相同浓度的稀盐酸润湿,以中和滤材表面电荷,消除其对胃蛋白酶的影响。

④ 溶液 pH 对胃蛋白酶活性影响较大,在 pH1.5~2.5 时胃蛋白酶的活性最强。当盐酸含量超过 0.5%时,若直接与胃蛋白酶接触就会破坏其活性,因此在配制时,须将稀盐酸稀释后充分搅拌,再添加胃蛋白酶。

⑤ 胃蛋白酶的消化活力应为 1∶3000,即每克胃蛋白酶至少能使凝固蛋白 3000g 完全消化,若用其他规格,则其用量应按处方量折算。

⑥ 处方中加入约 20%甘油有保持胃蛋白酶活力和调味的作用。

⑦ 本品有助于消化蛋白,常用于因食蛋白性食物过多所致消化不良、病后恢复期消化功能减退以及慢性萎缩性胃炎、胃癌、恶性贫血所致的胃蛋白酶缺乏症。

五、实验结果与讨论

1. 实验比较 3 种不同处方不同方法制备的薄荷水溶液剂异同,记录于表 4-14 中,并说明其各自特点与适用性。

表 4-14 不同方法制备的薄荷水的性状

分散剂	pH	澄清度	臭味
滑石粉			
轻质碳酸镁			
活性炭			

2. 描述复方碘溶液成品外观性状。

3. 描述硫酸亚铁糖浆成品外观性状,记录溶液的 pH。

4. 描述甲酚皂溶液成品的外观性状,比较不同处方加水以不同比例稀释后是否能得到澄清溶液。

5. 描述两种方法制备的胃蛋白酶合剂成品的外观性状,记录凝乳时间,计算相应的活力,记录于表 4-15 中,并讨论两种制备方法的结果有何不同。

表 4-15 胃蛋白酶活力测定结果

胃蛋白酶合剂	凝乳时间/s	活力单位
Ⅰ法		
Ⅱ法		

六、思考题

1. 制备薄荷水时加入滑石粉、轻质碳酸镁、活性炭的目的是什么？还可以选用哪些具有类似作用的物质？欲制得澄清液体的关键操作是什么？
2. 复方碘溶液中碘有刺激性，口服时应作何处理？
3. 配制糖浆剂有哪些方法？各有何特点？
4. 试写出甲酚皂溶液的制备过程中所采用的皂化反应式。有哪些植物油可以取代大豆油？
5. 甲酚在水中的溶解度为多少？为什么甲酚皂溶液中甲酚的溶解度可达 50%？
6. 甲酚皂溶液的制备过程中，加速皂化反应的方法有哪些？
7. 简述影响胃蛋白酶活力的因素及预防失活的措施。

七、附录

胃蛋白酶活力试验

1. 醋酸钠缓冲液

取冰醋酸 92g、氢氧化钠 43g，分别溶于适量蒸馏水中，将两液混合，补加蒸馏水稀释成 1000mL，此溶液的 pH 为 5。

2. 牛乳醋酸钠混合液

取上述醋酸钠缓冲液适量，与等体积的鲜牛奶混合均匀，即得。此混合液在室温条件下密闭贮存，可保存 2 周。

3. 活力试验

精密吸取胃蛋白酶合剂 0.1mL，置试管（内径最好在 15~18mm）中，另取牛乳醋酸钠混合液 5mL，从开始加入时计时，迅速加入，混匀，将试管倾斜，注视沿管壁流下的牛乳液，至开始出现乳酪蛋白的絮状沉淀时，停止计时，记录牛乳凝固所需的时间。以上试验需在 25℃进行。

4. 计算

胃蛋白酶的活力愈强，牛乳的凝固愈快，即凝固牛乳液所需时间愈短。规定胃蛋白酶能使牛乳液在 60s 末凝固的活力强度为 1 活力单位。所以，如果在 20s 末凝固的则为 60/20，即 3 个活力单位，最后换算到每 1mL 供试液的活力单位。

实验七 混悬型液体制剂的制备

一、实验目的

1. 掌握混悬型液体制剂一般制备方法。
2. 熟悉按药物性质选用合适的稳定剂及制备稳定混悬剂的方法。

3. 掌握混悬型液体制剂质量的评定方法。

二、实验原理

混悬型液体制剂（简称混悬剂）系指难溶性固体药物以细小的微粒分散在液体分散介质中形成的非均相分散体系。混悬剂中的药物微粒一般在 0.5~10μm 之间，小的可为 0.1μm，大的可达到 50μm 或更大，可供口服、局部外用和注射等。在混悬剂中药物以微粒状态分散，较大的分散度有利于提高生物利用度，这是常把难溶性药物制成混悬剂的原因。

优良的混悬型液体制剂，除一般液体制剂的要求外，应有一定的质量要求：外观微粒细腻，分散均匀；微粒沉降较慢，下沉的微粒经振摇能迅速再均匀分散，不应结成饼块；微粒大小及液体的黏度，均应符合用药要求，易于倾倒且分剂量准确；外用混悬型液体制剂应易于涂展在皮肤患处，且不易被擦掉或流失。

物理稳定性是混悬剂存在的主要问题之一，混悬剂的不稳定性主要体现在微粒的沉降。微粒的沉降速度可以用 Stoke's 定律表达。根据 Stoke's 定律 $V=2r^2(\rho_1-\rho_2)g/(9\eta)$，可知要制备沉降缓慢的混悬液，可以考虑减小微粒半径（r）；减小微粒与液体介质密度差（ρ_1、ρ_2）；或增加介质黏度（η）；因此制备混悬型液体制剂，应先将药物研细，并加入稳定剂如天然胶类、合成的天然纤维素类、糖浆等，以增加黏度，降低沉降速度。混悬剂的稳定剂主要有助悬剂、润湿剂、絮凝剂和反絮凝剂。

混悬剂中微粒分散度大，有较大的表面自由能，体系处于不稳定状态，有聚集的趋向，根据 $\Delta F=\sigma SL \cdot \Delta A$，$\Delta F$ 为微粒总的表面自由能的改变值，取决于固液间界面张力 σSL 和微粒总表面积的改变值 ΔA。因此在混悬型液体制剂中可加入表面活性剂降低 σSL，降低微粒表面自由能，使体系稳定；表面活性剂又可以作为润湿剂，可有效地使疏水性药物被水润湿，从而克服微粒由于吸附空气而漂浮的现象（如硫黄粉末分散在水中时）；也可以加入适量的絮凝剂（与微粒表面所带电荷相反的电解质），使微粒 ζ 电位降低到一定程度，则微粒发生部分絮凝，随之微粒的总表面积改变值 ΔA 减小，表面自由能 ΔF 下降，混悬剂相对稳定，且絮凝所形成的网状疏松的聚集体使沉降体积变大，振摇时易再分散。有的产品为了增加混悬剂的流动性，可以加入适量的与微粒表面电荷相同的电解质（反絮凝剂），使 ζ 电位增大，由于同性电荷相斥而减少了微粒的聚结，使沉降体积变小，混悬液流动性增加，易于倾倒，易于分布。

混悬型液体制剂一般配制方法有分散法与凝聚法。

（1）分散法 将固体药物粉碎成微粒，再根据主药的性质混悬于分散介质中并加入适量的稳定剂。亲水性药物可先干磨至一定的细度，加蒸馏水或高分子溶液，水性溶液加液研磨时通常药物 1 份，加 0.4~0.6 份液体分散介质为宜；遇水膨胀的药物配制时不采用加液研磨；疏水性药物可加润湿剂或高分子溶液研磨，使药物颗粒润湿，在颗粒表面形成带电的吸附膜，最后加水性分散介质稀释至足量，混匀即得。

（2）凝聚法 将离子或分子状态的药物借物理或化学方法在分散介质中聚集成新相。化学凝聚法是两种或两种以上的药物分别制成稀溶液，混合并急速搅拌，使产生化学反应，制成混悬型液体制剂。物理凝聚法是改变溶剂或浓度制成混悬型制剂，溶剂改变时的速度越剧烈，析出的沉淀越细，所以配制合剂时，常将酊剂、醑剂缓缓加到水中并快速搅拌，使制成的混悬剂细腻，微粒沉降缓慢。

混悬剂的质量评价主要是考察其物理稳定性，目前有以下几种方法：①沉降体积比的测定；②重新分散试验；③混悬微粒大小的测定；④絮凝度的测定（显微镜镜检）。

混悬剂的成品包装后，在标签上注明"用时摇匀"。为安全起见，剧毒药不应制成混悬剂。

三、实验材料与仪器设备

1. 实验材料

乙醇、氧化锌、甘油、甲基纤维素、西黄蓍胶、氯化铝、柠檬酸钠、碱式硝酸铋、沉降硫黄、硫酸锌、樟脑醑、新洁尔灭（苯扎溴铵）、吐温-80、羧甲基纤维素钠等。

2. 仪器与设备

10mL 具塞试管、试管架、研钵、10mL 量筒、烧杯、一次性注射器、滴管等。

四、实验内容

1. 药物亲水与疏水性质的观察

取试管加少量蒸馏水，分别加入少许氧化锌、硫酸锌、炉甘石、樟脑醑、沉降硫黄等粉末，观察与水接触的现象。分辨哪些是亲水的，哪些是疏水的，记录于报告上。

2. 加液研磨法制备氧化锌混悬剂（比较不同稳定剂对混悬剂的稳定作用）

（1）处方

组成	处方号			
	Ⅰ	Ⅱ	Ⅲ	Ⅳ
氧化锌	0.5g	0.5g	0.5g	0.5g
50%甘油	—	6.0g	—	—
甲基纤维素	—	—	0.1g	—
西黄蓍胶	—	—	—	0.1g
蒸馏水	加至10mL	加至10mL	加至10mL	加至10mL

（2）制备

① 处方Ⅰ，称取氧化锌细粉（过120目筛），置研钵中，加水研磨成糊状，用适量蒸馏水稀释后至10mL，塞住管口，同时振摇均匀。

② 处方Ⅱ，向氧化锌细粉中加入1mL 50%甘油，在研钵中加水研磨成糊状。同上。

③ 处方Ⅲ，称取甲基纤维素0.1g，加适量温水，溶解成胶浆。再加入氧化锌细粉，加水研磨成糊状。同上。

④ 处方Ⅳ，称取西黄蓍胶0.1g，加乙醇数滴润湿均匀，加蒸馏水于研钵中，研成胶浆。再加入氧化锌细粉，加水研磨成糊状。同上。

分别在表中记录各管在5min、10min、30min、1h、2h后沉降体积比 H/H_0（H_0 为最初总高度，H 为放置后的沉降高度）。记录高度单位用"mL"。

试验最后将试管倒置翻转（即±180°为一次），记录放置2h后使管底沉降物分散完全的翻转次数。

（3）质量检查　外观和沉降稳定性检查。

3. 电解质对混悬液的影响

(1) 处方1 制备及检查：取氧化锌置研钵中加水研磨成糊状，移入刻度试管，按处方加入氯化铝或枸橼酸钠，用蒸馏水稀释至全量观察现象。

组成	处方号	
	Ⅰ	Ⅱ
氧化锌	0.5g	0.5g
三氯化铝	0.012g	—
枸橼酸钠	—	0.05g
蒸馏水	加至10mL	加至10mL

(2) 处方2 制备及检查：

组成	处方号	
	Ⅰ	Ⅱ
碱式硝酸铋	1g	1g
1%枸橼酸钠	—	1mL
蒸馏水	加至10mL	加至10mL

① 取碱式硝酸铋置研钵中，加少量水研磨，加水分次转移至10mL试管中，摇匀。处方1加水至10mL。处方2加水至9mL，再加1%枸橼酸钠1mL。两试管振摇后放置2h。

② 首先观察试管中沉降物状态，然后再将试管上下翻转，观察沉降物再分散状况，记录翻转次数与现象。

③ 质量检查。外观和沉降稳定性检查。

4. 复方硫黄洗剂的制备

(1) 处方

组成	处方号			
	Ⅰ	Ⅱ	Ⅲ	Ⅳ
沉降硫黄	0.3g	0.3g	0.3g	0.3g
硫酸锌	0.3g	0.3g	0.3g	0.3g
樟脑醑	2.5mL	2.5mL	2.5mL	2.5mL
甘油	1mL	1mL	1mL	1mL
5%新洁尔灭	—	0.04mL	—	—
吐温-80	—	—	0.025mL	—
羧甲基纤维素钠	—	—	—	0.05g
蒸馏水	加至10mL	加至10mL	加至10mL	加至10mL

(2) 制备

① 处方Ⅰ。取沉降硫黄置研钵中，加入甘油充分研磨，缓缓加入硫酸锌溶液，充分混

匀。缓缓加入樟脑醑，最后加入适量蒸馏水成全量，研匀。

② 处方Ⅱ。制法同上（加甘油后加新洁尔灭溶液）。

③ 处方Ⅲ。制法同上（加甘油后加吐温）。

④ 处方Ⅳ。改进方法。将羧甲基纤维素钠加入到甘油中研匀后，缓缓加入樟脑醑，迅速搅拌，使之均匀分散。再加入沉降硫黄，分次加入，研细后，加入硫酸锌溶液，加水定容。

（3）质量检查 外观及沉降稳定性检查。

五、注意事项

1. 各处方配制时应注意同法操作，与第一次加液量及研磨力尽可能一致。
2. 比较用的刻度试管尽可能大小粗细一致。
3. 翻转试管时两管用力一致，用力不要过大，切勿横向用力振摇。
4. 观察疏水性药物中加入润湿剂的作用。新洁尔灭溶液为苯扎溴铵溶液。樟脑醑含樟脑 9.0%～11.0%（g/mL）、乙醇 80%～87%，遇水易析出樟脑。配制时应以细流缓缓加入混合液中，并急速搅拌，使樟脑醑不析出大颗粒。
5. 硫黄为强疏水性物质，制成混悬剂时稳定性不好。可以制成干混悬剂，现用现配。硫黄有升华硫、沉降硫、精制硫等3种，其中沉降硫最细，故本品选用沉降硫。

六、实验结果与讨论

1. 记录亲水药物与疏水药物的实验结果

① 亲水性药物：

② 疏水性药物：

2. 制备氧化锌混悬剂，比较不同助悬剂的作用，将实验结果填于表4-16中。根据表中数据，以 H/H_0 沉降体积比 F 为纵坐标，沉降时间为横坐标，绘出氧化锌混悬剂各处方的沉降曲线，得出结论。

表4-16 沉降体积比与时间的关系

沉降时间/min	沉降体积/mL	沉降体积比	处方编号			
			Ⅰ	Ⅱ	Ⅲ	Ⅳ
0	H_0	—				
5	H	—				
	—	F				
10	H	—				
	—	F				
30	H	—				
	—	F				
60	H	—				
	—	F				
120	H	—				
	—	F				
沉降物质再分散翻转次数						

3. 记录电解质对混悬液的影响中各处方样品质量情况,讨论絮凝剂和反絮凝剂的作用。
4. 记录复方硫黄洗剂中各处方样品质量情况,讨论不同润湿剂的作用。

七、思考题

1. 混悬剂的稳定性与哪些因素有关?
2. 氧化锌混悬液和硫黄洗剂在制备方法上有何不同?为什么?
3. 樟脑酯加到水中,注意有什么现象发生,如何使产品微粒不致太粗?
4. 分析在实验中加入絮凝剂和反絮凝剂的意义。
5. 复方硫黄洗剂处方中的甘油有何作用?若用羧甲基纤维素钠或苯扎溴铵代替甘油,各起什么作用?

实验八 乳剂的制备

一、实验目的

1. 掌握乳剂的一般制备方法及常用乳剂类型的鉴别方法。
2. 学习并掌握表面活性剂乳剂中的应用。

二、实验原理

1. 乳剂形成的理论

乳剂也称乳浊剂,是两种互不相溶的液体组成的非均相分散体系。乳剂中分散的液滴称为分散相、内相、不连续相,包在液滴外面的另一相则称为分散介质、外相、连续相。

制备乳剂时,除油、水两相外,还需加入能够阻止分散相聚集而使乳剂稳定的第三种物质,称为乳化剂。乳化剂的作用是降低界面张力,增加乳剂的黏度,并在分散相液滴的周围形成坚固的界面膜或形成双电层。

乳化剂通常为表面活性剂。表面活性剂溶于水中,当浓度较大时,疏水部分便相互吸引,混合在一起,形成混合体,称为胶团或胶束。表面活性剂亲水亲油的强弱是以亲水亲油平衡值(HLB)来表示的。HLB 值越高,其亲水性越强。

HLB 值的计算公式为:

$$HLB = 7 + 11.7 - \lg(M_W / M_O)$$

$$HLB_{AB} = \frac{HLB_A \times W_A + HLB_B \times W_B}{W_A + W_B}$$

式中,M_W 和 M_O 分别为亲水基团和亲油基团的分子量;W_A 和 W_B 分别为 A、B 两种表面活性剂的量(质量、比例量等)。

2. 分类

(1)间单乳

① 油包水型乳剂(W/O):水溶液为分散相,油溶液为分散介质。
② 水包油型乳剂(O/W):油为分散相,水或水溶液为分散介质。

(2)多重乳 有两种形式:W/O/W、O/W/O。

3. 乳剂的制备方法

（1）干胶法　制备时先将胶粉（乳化剂）与油混合均匀，加入一定量的水，研磨成初乳，再逐渐加水稀释至全量。

（2）湿胶法　制备时将胶粉（乳化剂）先溶于水中，制成胶浆作为水相，再将油相分次加于水相中，研磨成初乳，再加水至全量。

（3）油相水相混合加至乳化剂中　将一定量油、水混合；阿拉伯胶置研钵中研细，再将油水混合液加入其中迅速研磨成初乳，再加水稀释。如松节油搽剂的制备。

（4）机械法　大量配制乳剂可用机械法。如乳匀机、超声波乳化器、胶体磨等。

4. 乳剂的质量评定

乳剂属热力学不稳定的非均相体系，有分层、絮凝、转相、破裂和酸败等现象。下列测定有助于对其质量加以评价：①测定乳滴大小；②分层现象的观察；③测定乳滴合并时间。

5. 鉴别

乳剂的类型可根据水或油的物理性质进行鉴别。方法有以下几种。

（1）稀释法　根据乳剂内相不能被外相液体稀释，而外相可以和外相液体随意混合的原理，O/W 型可以用水为分散溶剂任意稀释，取一滴，滴于水面，立即扩散混合。W/O 型不能被水稀释，取一滴，滴于水面，则小球状浮于水面。

（2）染色法　将油溶性染料如苏丹或水溶性染料如亚甲基蓝，撒于乳剂上，根据分散均匀与否，确定为 W/O 型或 O/W 型乳剂。

（3）导电性试验　O/W 型能导电，而 W/O 型不导电。

（4）颜色　O/W 型乳剂通常为乳白色或洁白色，W/O 型乳剂颜色较深，通常呈半透明蜡状。

三、实验材料与仪器设备

1. 实验材料

鱼肝油、阿拉伯胶、西黄蓍胶、植物油、氢氧化钙、糖精钠、尼泊金乙酯等。

2. 仪器与设备

研钵、具塞三角瓶等。

四、实验内容

1. 鱼肝油乳的制备

（1）处方

鱼肝油	12.5mL
阿拉伯胶粉	3.1g
西黄蓍胶	0.28g
水	适量
制成	25mL

（2）制法　取水约 6.2mL 与阿拉伯胶置干燥研钵中，研匀后，缓缓逐滴加入鱼肝油，迅速向同一方向研磨，直至产生油相被撕裂成油球而乳化的劈裂声，继续研磨至少 1min，制成稠厚的初乳。然后加入西黄蓍胶浆（取西黄蓍胶置干燥的带刻度试管中，加几滴乙醇润湿后，

一次加入水 5mL，强力振摇）与适量水，使成 25mL，搅匀，即得。

2. 石灰搽剂的制备

（1）处方

氢氧化钙溶液	5.0mL
花生油	5.0mL
总量	10.0mL

（2）制法　取氢氧化钙溶液与植物油置具塞三角瓶中，用力振摇，使成乳状液，即得。

3. 氢氧化钙溶液的制备

（1）处方

氢氧化钙	0.3g
水	100mL
总量	100mL

（2）制法　取氢氧化钙 0.3g，置锥形瓶内，加蒸馏水 100mL，密塞摇匀，时时剧烈振摇，放置 1h，即得。用时倾取上层澄明液使用（本品为氢氧化钙的饱和溶液）。本品用于收敛、保护、润滑、止痛，用于轻度烫伤等，贮藏应密封，在凉暗处保存。

4. 菜籽油乳剂的制备

（1）处方

菜籽油	4g
阿拉伯胶	0.9g
西黄蓍胶	0.1g
0.1%糖精钠溶液	3mL
5%尼泊金乙酯溶液	0.2mL
蒸馏水	适量
总量	13mL

（2）制法　将阿拉伯胶、西黄蓍胶置于研钵中，加入菜籽油略研使胶粉分散均匀，加水 2mL 迅速向同一方向研磨 1~2min，至发出吱吱声，即得初乳。再分别加入糖精钠溶液及尼泊金乙酯溶液，边加边研磨。最后加水至配制量，研匀即可。本品用于胆系造影，以观察胆囊收缩和排空功能。

五、注意事项

1.鱼肝油乳是 O/W 型，制备初乳时，应严格遵守油、水、胶的比例为 4∶2∶1；研磨时应注意方向一致，由研钵内部向外，再由外向内。本品为维生素类药，贮藏应遮光，满装，密封，在阴凉干燥处保存。

2. 石灰搽剂 W/O 型乳剂，乳化剂为氢氧化钙与花生油中所含的少量游离脂肪酸经皂化反应生成的钙皂。其他常见的植物油如菜油等均可代替花生油，因为这些油中也含有少量的游离脂肪酸。

六、实验结果与讨论

1. 观察各处方液滴大小。
2. 观察分层现象。

七、思考题

制备乳剂时根据什么选择乳化剂及其用量？

实验九　感冒退热颗粒的制备及质量检查

一、实验目的

1. 掌握颗粒剂的制备方法。
2. 熟悉颗粒剂的质量检查内容。

二、实验原理

中药制剂是以中医药理论为指导，兼用传统中药制剂的方法和现代制剂技术，研究中药制剂的配制理论、生产技术、质量控制和临床药效学的综合性应用技术。

由于病有缓急，证有表里，因此，对于剂型、制剂的要求亦有不同，如急症用药，药效宜速，故采用汤剂、注射剂、舌下片（丸）剂、气雾剂等；缓症用药，药效宜缓，滋补用药，药效宜持久，常采用蜜丸、水丸、糊丸、膏滋、缓释片等；皮肤疾患，一般采用膏药、软膏等；某些腔道疾患如痔疮、瘘管，可用栓剂、条剂、线剂或钉剂等。其次是根据药物性质不同制成不同剂型、制剂，以更好地发挥药物疗效，如处方中含有毒性和刺激性药物时，宜制成糊丸、蜡丸、缓释片等；遇胃酸易分解失效的药物成分，宜制成肠溶胶囊或肠溶片剂；某些药物制成液体制剂不稳定时，可制成散剂、片剂、粉针剂或油溶液等。当然，药物和剂型、制剂之间的关系是辨证的，药物本身的疗效无疑是主导的，但剂型、制剂对药物疗效的发挥在一定条件下也是十分重要的。

在中药制剂的质量研究方面，20 世纪 50 年代初期基本处于起步阶段，对大部分制剂的质量只能以感观分析或靠经验做出定性水平的评价。近年来，随着科学技术的进步，对中药制剂质量控制的研究也逐步深入，在分析方法、质量标准及稳定性等方面有了较大进展，药品质量的可控性得到提高。

中药颗粒剂是将中草药的浓缩稠膏加入到部分药粉或赋形剂中混合均匀后制成的具有一定粒度的干燥颗粒状制剂，是中药的主要剂型之一。它的主要用法是用热水冲服，因此习惯上叫"冲剂"。《中国药典》2000 年版已经开始取消"冲剂"名称，叫"颗粒剂"，但商品名中还保留"冲剂"。颗粒剂可分为可溶性颗粒、混悬颗粒、泡腾颗粒、肠溶颗粒、缓释颗粒、控释颗粒等。

感冒退热颗粒是感冒常用中成药，成方包括大青叶、板蓝根、连翘、拳参等，主要是起清热解毒、疏风解表等作用。其中君药为连翘，其活性成分连翘苷具有较强的抗菌、抗病毒、抗炎、解热等作用，连翘苷含量直接影响颗粒的质量。

三、实验材料与仪器设备

1. 实验材料

大青叶、板蓝根、连翘、拳参、糊精、蔗糖等。

2. 仪器与设备

药筛、电子天平、高效液相色谱仪等。

四、实验内容

1. 颗粒剂的制备

（1）处方

大青叶	62.5g
板蓝根	62.5g
连翘	31.3g
拳参	31.3g
制成	约52份

（2）制法　中药颗粒剂的制法一般分为煎煮、浓缩、制粒、干燥和包装几个步骤。

① 煎煮。将处方中的四味药适当粉碎后，按处方量称取，置煎煮锅中，加水煎汁。第一煎加水量为生药的8～10倍，待沸后，以小火保持微沸状态0.5～1h；第二煎加水量为生药的4～6倍，煮沸10～30min。合并两次煎液，用双层纱布或白布过滤。

② 浓缩。将合并的滤液进行浓缩，先直火加热，浓缩到一定稠度时，再改用低温水浴浓缩，收膏的浓度为1∶1，即1g稠膏相当于1g生药标准的稠厚浸膏。

③ 稠膏的处理。当中草药的有效成分溶于稀乙醇时，为了除去杂质并减少服用量，可在稠膏中加入95%的乙醇，边加乙醇边搅拌，使乙醇浓度达60%左右，静置12～24h，滤除沉淀，滤液回收乙醇，蒸发至稠膏状。

④ 制粒。称定稠膏的量，加入其4倍量的蔗糖粉和两倍量的糊精或淀粉作吸收剂，混合均匀，用66%乙醇调节干湿度，过16目筛制粒。

⑤ 干燥。将制得的颗粒在60～80℃进行干燥或减压干燥，必要时用16目筛整粒使颗粒均匀一致。

⑥ 包装。把干燥好的颗粒按每袋18g分装于药用塑料袋中，在阴凉干燥处保存。

2. 质量检查

（1）粒度检查　取单剂量包装的颗粒剂5袋或多剂量包装的1袋，称定重量，置相应的药筛中，保持水平状态过筛，水平振荡，边筛动边拍打3min，不能通过一号筛与能通过五号筛的颗粒和粉末总和不得超过供试量的15%。

（2）溶解性检查　取供试品10g，加热水200mL，搅拌5min，可溶性颗粒应全部溶解或轻微浑浊，但不得有异物。

（3）装量差异限度检查　取感冒冲剂10袋，除去包装分别精密称定每袋内容物的重量，求出每袋内容物重量与平均装量。每袋装量与平均装量相比较，按重量差异限度为±5%，超出装量差异限度的颗粒剂不得多于2袋，并不得有1袋超出装量差异限度的1倍，见表4-17。

表 4-17　单剂量包装的颗粒剂装量差异限度表

标示装量	装量差异限度
1.0g 或 1.0g 以下	±10%
1.0g 以上至 1.5g	±8%
1.5g 以上至 6g	±7%
6g 以上	±5%

（4）干燥失重检查　取供试品 1g 精密称定，除另有规定外，在 105℃ 干燥至恒重，含糖颗粒应在 80℃ 减压干燥，减失重量不得超过 2%。

（5）连翘苷含量检查　照《中国药典》高效液相色谱法（通则 0512）测定。每袋连翘苷含量应不少于 1.2mg。

① 供试品溶液。精密称取样品约 0.5g，置于 5mL 容量瓶中，加适量 50%甲醇水溶液，超声 30min 后，定容，滤过，作为供试品溶液。

② 对照品溶液。精密称取连翘苷对照品约 10mg 置于 5mL 容量瓶中，用 50%甲醇水溶液溶解并定容，作为贮备液。依次取贮备液 12.5μL、25μL、50μL、100μL、200μL、250μL 置于 5mL 容量瓶中，用 50%甲醇水溶液定容，滤过，作为标准品溶液。

③ 色谱条件。以十八烷基键合硅胶为填充剂；乙腈：水=20：80 为流动相；波长为 277nm；进样量为 20μL。

④ 系统适用性要求。理论板数按连翘苷峰计算应不低于 5000。

⑤ 测定法。精密量取供试品溶液与对照品溶液，分别注入液相色谱仪，记录色谱图，按外标法以峰面积计算。

五、注意事项

1. 该方法为制备中草药颗粒剂的传统方法，根据处方中有效成分的性质，可选用不同的提取、浓缩方法，如用乙醇或其他有机溶剂提取，采用薄膜浓缩干燥、喷雾干燥等可提高有效成分的含量，而且可减少活性成分的损失。

2. 制粒过程中稠膏与蔗糖粉的比例，应视膏中所含药物成分的性质及稠膏的含水量决定，一般为（1∶2.5）～（1∶4），为了减少糖粉用量，也可酌加部分糊精、淀粉或利用处方中部分药物粉末为赋形剂制粒。

3. 若制得的颗粒大小悬殊，整粒时先用制粒用筛筛过，再用较细的药筛筛除过细颗粒，保证成品均匀一致，筛除的细粉可重新制粒使用。

4. 若处方中含有挥发性成分或香料，可将这些成分或香料溶于适量 95%乙醇中，雾化喷洒在干燥的颗粒上，或用环糊精包合后制粒。

六、实验结果与讨论

1. 粒度检查

5 袋颗粒剂的重量_____g，大于一号筛的颗粒重量_____g，小于五号筛的颗粒重量_____g，这两部分颗粒重量占总重量的_____g。说明是否合格。

2. 溶解性检查

取颗粒剂 10g，加入热水 200mL，搅拌 5min，应全部溶化，不得有焦屑等异物。观察结果：澄清、混悬、焦屑等杂质。

3. 装量差异

单剂量包装的颗粒剂装量差异限度（表 4-18），应符合规定。

表 4-18　重量差异检查结果（每袋剂量：_____g）

编号	重量/g	差异/g	差异/%	编号	重量/g	差异/g	差异/%
1				6			
2				7			
3				8			
4				9			
5				10			

4. 干燥失重检查

颗粒干燥恒重前精密称重_____g，颗粒干燥恒重后精密称重_____g，减失重量_____%。

5. 计算每袋连翘苷含量。

七、思考题

1. 在药材的提取浓缩过程中为何进行醇沉处理？
2. 本实验中制得的颗粒剂属于哪一类型的颗粒剂？

实验十　六味地黄丸的制备及质量检查

一、实验目的

1. 掌握中药丸剂的制备方法。
2. 熟悉中药丸剂的质量检测方法。

二、实验原理

丸剂（pills）是我国的传统剂型之一，指药物细粉或药材提取物加适宜的黏合剂或其他辅料制成的球形或类球形制剂，主要供内服。其按照辅料不同分为蜜丸、水蜜丸、水丸、糊丸、蜡丸或浓缩丸等；按照制法不同分为泛制丸、塑制丸及滴制丸。

蜜丸是中医临床应用最广泛的一种中成药。蜂蜜含有较丰富的营养成分，具滋补作用，味甜能矫味，并具有润肺止咳、润肠通便、解毒等作用。蜂蜜还含有大量还原糖，能防止药材的有效成分氧化变质；炼制后黏合力强，与药粉混合后丸块表面不易硬化，有较大的可塑性，制成的丸粒圆整、光洁、滋润，含水量少，崩解缓慢，作用持久，是一种良好的黏合剂。一般丸重 0.5g 以上的称大蜜丸，0.5g 以下的称小蜜丸。蜜丸常用于治疗慢性病和需要滋补的疾病。

蜂蜜是蜜丸的主要载体，它不仅能起到黏合的作用，而且有一定的药效，与主药相辅相成，增进疗效。蜂蜜稠厚而富有营养，有润肺止咳、润肠通便等功能，可增强药物的补益效力，并能减小副作用，遮掩苦味，延缓药物的溶解吸收，尤其适宜制作补益类中成药，如乌鸡白凤丸、六味地黄丸、补中益气丸、催乳丸、养阴清肺丸、参附强心丸、生血丸等。蜂蜜的选择与炼制是保证蜜丸质量的关键。蜂蜜一般以乳白色和淡黄色，味甜而香，无杂质，稠如凝脂，油性大，含水分少为好。但由于来源、产地、气候等关系，其质量不一，北方产的蜂蜜一般含水分少，南方产的蜂蜜一般含水分较多。

炼蜜的目的是除去杂质，破坏酵素，杀死微生物，蒸发水分，增强黏性。其方法是小量生产时用铜锅或其他不与蜂蜜反应的锅直火加热，文火炼；大量生产时用蒸汽夹层锅、减压蒸发浓缩锅炼制，最后滤除杂质。炼蜜的程度分为嫩蜜、炼蜜、老蜜三种。

嫩蜜是将蜂蜜加热至沸腾，温度达到105～115℃，含水量为17%～20%，相对密度为1.34，颜色无明显变化，稍有黏性，约失去3%的水分。其适用于含有较多脂肪、淀粉、黏液、糖类及动物组织的方剂，蜜用量为50%，在40～50℃下制备，如天王补心丹。

炼蜜是将嫩蜜继续加热，温度达116～118℃，含水量为14%～16%，相对密度为1.37，炼制时出现浅黄色有光泽的翻腾的均匀小气泡，用手捻有黏性，两手指分开时无白丝出现。炼蜜适合黏性中等的药材制丸，大部分蜜丸采用炼蜜制丸。

六味地黄丸由六味中药材制成，故名六味地黄丸，熟地黄为君药。其具有增强免疫力、抗衰老、抗疲劳、抗低温、耐缺氧、降血脂、降血压、降血糖、改善肾功能、促进新陈代谢的作用。

三、实验材料与仪器设备

1. 实验材料

熟地黄、山茱萸、牡丹皮、山药、茯苓、泽泻、蜂蜜等。

2. 仪器与设备

搓丸板、研钵、烘箱、搪瓷盘、电子天平等。

四、实验内容

1. 制备

（1）处方

熟地黄	120g
山茱萸（制）	80g
牡丹皮山药	80g
茯苓	60g
泽泻	60g
制成	约80丸

（2）制备工艺

① 以上六味药材除熟地黄、山茱萸外，其余四味共研成粗粉，取一部分与熟地黄、山茱萸共研成不规则的块状，放入烘箱内于60℃以下烘干，再与其他粗粉混合研成细粉，过80目筛，混匀备用。

② 炼蜜。取检验合格的生蜂蜜经过滤后置于适宜的容器中，加入适量清水，加热至沸腾，过滤，除去蜡、死蜂、泡沫及其他杂质。然后继续加热炼制，至蜜表面起黄色气泡，手捻之有一定的黏性，但两手指离开时无长丝出现即可。

③ 制丸块。将药粉置于搪瓷盘内，100g 药粉加入 90g 左右炼蜜，混合揉制成均匀、柔软、不干裂的丸块。

④ 搓条、制丸。根据搓丸板的规格将制成的丸块用手掌或搓条板前后滚动搓捏，搓成适宜长短、粗细的丸条，再置于搓丸板的沟槽底板上，手持上板使两板对合，然后由轻至重前后搓动数次，直至丸条被切断且搓圆成丸。每丸重 9g。

⑤ 包装与贮藏。制成的蜜丸可采用蜡纸、玻璃纸、塑料袋、蜡壳包好，注明品名、批号、规格，储存于阴凉干燥处。

2. 质量检查

（1）外观　本品应为棕褐色至黑褐色大蜜丸，味甜而酸；外观应圆整均匀，色泽一致，细腻滋润，软硬适中。

（2）重量差异　取本品 10 丸，称定总质量，求得平均丸重，再分别称定每丸的质量，每丸的质量与平均丸重相比应符合有关规定。

（3）水分含量　按《中国药典》水分通则测试，不得超过 15%。

五、注意事项

1. 炼蜜时应不断搅拌，以免溢锅。炼蜜程度应恰当，过嫩含水量高，粉末黏合不好，成丸易霉坏；过老丸块发硬，难以搓丸，成丸难崩解。

2. 药粉与炼蜜应充分混合均匀，以保证搓条、制丸顺利进行。

3. 为避免丸块、丸条黏着搓条、搓丸工具与双手，操作前可在手掌和工具上涂抹少量润滑油。

4. 由于本方既含有熟地黄等滋润性成分，又含有茯苓、山药等粉性较强的成分，所以宜采用的炼蜜温度为 70~80℃。

5. 润滑油可用 1000g 麻油加 12g 蜂蜡熔融制成。

六、实验结果与讨论

1. 观察外观。

2. 溶解性检查

取颗粒剂 10g，加入热水 200mL，搅拌 5min，应全部溶化，不得有焦屑等异物。观察现象：澄清、混悬、有无焦屑等杂质。

3. 重量差异

单剂量包装的蜜丸剂的重量差异限度，应符合规定。

4. 水分含量

干燥恒重前精密称重_____g，颗粒干燥恒重后精密称重_____g，减失重量_____%。

七、思考题

1. 在六味地黄丸的制备过程中需要注意什么问题？
2. 丸剂的制备方法有哪些？

实验十一 布洛芬-聚维酮类固体分散体的制备

一、目的要求

1. 熟悉共沉淀法及熔融法制备固体分散体的工艺。
2. 熟悉固体分散体的鉴定方法。
3. 掌握测定溶出度的方法及溶出速率曲线的绘制方法。

二、实验原理

随着科学技术的发展和生活水平的提高,原有的一些剂型不能满足人们需求的增长,因此积极开发新剂型是当前药剂学的重要任务。随着人们对疾病认识的不断深入及制剂新技术、新材料、新工艺的发展,近几十年来药物制剂研究得到了飞速发展,正向"精确给药、定向定位给药、按需给药"的方向发展,出现了诸如缓控释制剂、固体分散体等新剂型。

固体分散体(solid dispersion)指药物以分子、胶态、微晶等状态均匀分散在某一固态载体物质中所形成的分散体系。将药物制成固体分散体所采用的制剂技术称为固体分散技术。将药物制成固体分散体具有如下作用:增大难溶性药物的溶解度和溶出速率;控制药物释放;利用载体的包蔽作用掩盖药物的不良气味,降低药物的刺激性;使液体药物固体化。

固体分散体所用的载体材料可分为水溶性载体材料、难溶性载体材料、肠溶性载体材料三大类。水溶性载体材料有聚乙二醇类(PEG)、聚维酮类(PVP)、表面活性剂类、有机酸类、糖类与醇类;难溶性载体材料有乙基纤维素类(EC)、聚丙烯酸树脂类(如 Eudragit RL 和 RS)、脂质类(如硬脂酸钠、胆固醇、棕榈酸甘油酯、蜂蜡、蓖麻油蜡等);肠溶性载体材料有醋酸纤维肽酸酯(CAP)、羟丙甲纤维素肽酸酯(HPMCP)、聚丙烯酸树脂类(如 Eudragit L 和 S)、羟甲乙纤维素(CMEC)。

固体分散体的类型有固体溶液、简单低共熔混合物、共沉淀物(也称共蒸发物)等。

常用的固体分散技术有溶剂法、熔融法、溶剂-熔融法、研磨法、液相中溶剂扩散法、双螺旋挤压法等。

药物与载体是否形成了固体分散体,一般用红外光谱法、热分析法、粉末 X 射线衍射法、溶解度及溶出度测定法、核磁共振波谱法等方法验证。本实验通过测定溶出度进行验证。

三、实验材料与仪器设备

1. 实验材料

布洛芬、布洛芬片(市售)、PVP-K30、无水乙醇、二氯甲烷、$Na_2HPO_4 \cdot 12H_2O$、$NaH_2PO_4 \cdot 2H_2O$ 等。

2. 仪器与设备

电子天平、恒温水浴、蒸发皿、研钵、80 目筛、玻璃板(或不锈钢板)、紫外分光光度计、容量瓶、溶出度测定仪、5mL 的注射器、0.8μm 的微孔滤膜、试管、吸管等。

四、实验内容

1. 布洛芬-PVP 固体分散体（共沉淀物）的制备

（1）处方　布洛芬 0.5g、PVP-K30 2.5g。

（2）制备

① 布洛芬-PVP 共沉淀物的制备。取 2.5g PVP-K30 置于蒸发皿内，加 10mL 无水乙醇和二氯甲烷（1：1）混合溶剂，在 50～60℃的水浴中加热溶解，再加入 0.5g 布洛芬，搅匀使其溶解，在搅拌下蒸去溶剂，取下蒸发皿置于干燥器内干燥，物料用研钵研碎，过 80 目筛，即得。

② 布洛芬-PVP 物理混合物的制备。按共沉淀物中布洛芬和 PVP 的比例称取适量布洛芬和 PVP，混匀，即得。

2. 布洛芬-PVP 共沉淀物溶出速率的测定

（1）溶出介质（pH 值为 6.8 的磷酸盐缓冲液）的配制　称取 11.9g $Na_2HPO_4 \cdot 12H_2O$，加蒸馏水定容至 500mL，再称取 5.2g $NaH_2PO_4 \cdot 2H_2O$，加蒸馏水定容至 500mL，两液混合即得。

（2）标准曲线的绘制　称取约 20mg 干燥至恒重的布洛芬置于 100mL 的容量瓶中，加无水乙醇溶解，定容，摇匀。吸取 0.1、0.2、0.3、0.4、0.5、0.6mL 溶液，分别置于 10mL 的容量瓶中，加溶出介质定容，以溶出介质为空白对照，在 222nm 波长处测定吸光度，以吸光度对浓度作图，得标准曲线的回归方程。

（3）实验样品　布洛芬片、制备的布洛芬共沉淀物及物理混合物（均含布洛芬 200mg）。

（4）溶出速率的测定　按照溶出度测定方法，调节溶出度测定仪的水浴温度为（37±0.5）℃，恒温。准确量取 900mL 溶出介质，倒入测定仪的溶出杯中，预热并保持温度为（37±0.5）℃。用烧杯盛装 200mL 溶出介质于恒温水浴中保温，作补充介质用。调节搅拌桨转速为 100r/min。取实验样品，分别置于溶出杯内，立即开始计时。分别于 1、3、5、10、15、20、30min 时用注射器取 5mL 样品，同时补加 5mL 溶出介质。样品用 0.8μm 的微孔滤膜过滤，弃去初滤液，取 1mL 续滤液置于 25mL 的容量瓶中，加溶出介质定容，摇匀待测。以溶出介质为空白，在 222nm 波长处测定吸光度，按标准曲线的回归方程计算不同时间各样品的累积溶出度，并对时间作图，绘制溶出曲线。

五、注意事项

1. 制备布洛芬-PVP 共沉淀物时，溶剂的蒸发速度是影响共沉淀物的均匀性的重要因素，在搅拌下快速蒸发时均匀性好。

2. 蒸去溶剂后将物料倾至不锈钢板或玻璃板上，其迅速冷凝固化，有利于提高共沉淀物的溶出速率。

3. 测定溶出速率取样时，应注意取样器伸入液体的位置。样品用微孔滤膜过滤应尽可能快，最好在 30s 内完成。

4. 测定累积溶出量百分数时按布洛芬的实际投入量计算，同时应进行校正。

六、实验结果与讨论

1. 写出标准曲线的回归方程和相关系数。

2. 将实验样品溶出速率测定的稀释倍数及吸光度 A 填于表 4-19 中。

表 4-19 布洛芬实验样品的溶出速率测定记录

样品	取样时间/min	稀释倍数	A	c/（mg/mL）	c'/（mg/mL）	累积溶出量百分数/%
布洛芬片	1					
	3					
	5					
	10					
	15					
	20					
	30					
布洛芬-PVP共沉淀物	1					
	3					
	5					
	10					
	15					
	20					
	30					
布洛芬-PVP物理混合物	1					
	3					
	5					
	10					
	15					
	20					
	30					

浓度校正：

$$c'_n = c_n + \frac{V_0}{V} \sum_{i=1}^{n-1} c_i$$

式中，c'_n 为校正浓度；V_0 为每次取样体积；c_n 为实测浓度；V 为介质总体积；c_i 为不同取样时间时样品中布洛芬的浓度。

$$累积溶出量百分数 = \frac{c \times V \times 10^{-3}}{样品中布洛芬的量} \times 100\%$$

3. 绘制累积溶出量曲线。以布洛芬的累积溶出度（%）为纵坐标，以取样时间为横坐标，绘制实验样品的累积溶出量曲线，讨论并说明固体分散体是否形成。

七、思考题

1. 对溶出曲线进行解释。
2. 固体分散体除可以采用溶剂法制备外，还可以采用什么方法？各种方法有什么优缺点？
3. 固体分散体在药剂学中的应用有何特点？存在什么问题？
4. 本实验还有哪些方面需要改进？你是否可以设计其他的相关实验？
5. 采用溶剂法制备固体分散体时，载体材料是否需要预先进行筛分处理？

实验十二 茶碱缓释片的制备及质量检查

一、实验目的
1. 熟悉缓释制剂的概念、特点、释药原理与设计方法。
2. 掌握骨架型缓释片的释放机制和制备工艺。
3. 熟悉缓释片质量评价方法。

二、实验原理

缓释制剂系指用药后能在较长时间内持续释放药物以达到长效作用的制剂。其中药物释放主要是一级反应过程。如口服缓释制剂在人体胃肠道的转运时间一般可维持 8~12h，根据药物用量及药物的吸收代谢性质，其作用可达 12~24h，患者 1 天口服 1~2 次。缓释制剂的种类很多，按照给药途径有口服、肌内注射、透皮及腔道用制剂。其中口服缓释制剂研究最多。口服缓释制剂又根据释药动力学行为是否符合一级动力学方程（或 Higuchi 方程）和零级动力学方程分为缓释制剂和控释制剂。

缓释制剂按照剂型可分为片剂、颗粒剂、小丸、胶囊剂等。其中，片剂又分为骨架片、膜控片、胃内漂浮片等。骨架片是药物和一种或多种骨架材料以及其他辅料，通过制片工艺成型的片状固体制剂。骨架材料、制片工艺对骨架片的释药行为有重要影响。按照所使用的骨架材料可分为不溶性骨架片、溶蚀性骨架片和亲水凝胶骨架片等。不溶性骨架片采用乙基纤维素、丙烯酸树脂等水不溶骨架材料制备，药物在不溶性骨架中以扩散方式释放。溶蚀性骨架片采用水不溶但可溶蚀的硬脂醇、巴西棕榈蜡、单硬脂酸甘油酯等蜡质材料制成，骨架材料可在体液中逐渐溶蚀、水解。亲水凝胶骨架片主要采用甲基纤维素、羧甲基纤维素、卡波姆、海藻酸盐、壳聚糖等骨架材料。这些材料遇水形成凝胶层，随着凝胶层继续水化，骨架膨胀、溶蚀，药物可通过水凝胶层扩散释出，延缓了药物的释放。

由于缓释制剂中含药物量较普通制剂多，制剂工艺复杂。为了获得可靠的治疗效果，避免突释引起的毒副作用，需要制定合理的体外药物释放度试验方法。通过释放度的测定，找出其释放规律，从而可选定所需的骨架材料，同时也用于控制缓释片剂的质量。释放度的测定方法采用溶出度测定仪，释放介质一般采用人工胃液、人工肠液、水等介质。缓释制剂应至少选取 3 个取样时间点，第一取样时间点为开始 0.5~2h 的取样时间点（累积释放度应约为 30%），用于考察药物是否有突释；第二取样时间点为中间的取样时间点（累积释放度约为 50%），用于确定释药特性；最后的取样时间点（累计释放度应>75%）用于考察释药是否基本完全。此 3 点可用于表征体外缓释制剂药物释放度。如果需要，可以再增加取样时间点。具体时间点及释放量根据各品种要求而定。

本实验以茶碱为模型药物制备不同类型的骨架缓释片。茶碱在临床上主要用作平喘药，因其血药治疗浓度范围窄（10~20μg/mL），故制成缓释制剂以减小血药浓度的波动，降低毒副作用，减少服药次数等。

三、实验材料与仪器设备

1. 实验材料

茶碱、硬脂醇、羟丙基甲基纤维素（HPMC K4M）、乳糖、乙醇、硬脂酸镁、硬脂酸、乙基纤维素等。

2. 仪器与设备

单冲压片机、溶出度仪、紫外分光光度计、脆碎仪、硬度计等。

四、实验内容

1. 茶碱亲水凝胶骨架片的制备

（1）处方

茶碱	10g
HPMC K4M	4g
乳糖	5g
80%乙醇溶液	适量
硬脂酸镁	适量
共制得	100片

（2）制备

将茶碱、乳糖分别过100目筛，羟丙基甲基纤维素过80目筛，混合均匀，加80％乙醇溶液制成软材，过18目筛制粒。于50～60℃干燥，16目筛整粒，称重，加入硬脂酸镁混匀。计算片重，压片即得。每片含茶碱100mg。

（3）工艺流程

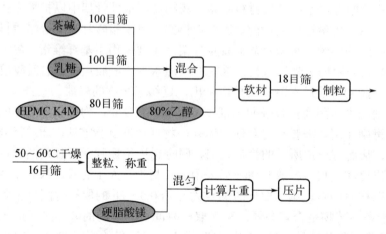

2. 茶碱溶蚀性骨架片的制备

（1）处方

茶碱	10g
硬脂酸	1.2g
HPMC K4M	0.1g
硬脂酸镁	适量
乳糖	0.8g
共制得	100片

（2）制备　取茶碱过 100 目筛，另将硬脂酸置于蒸发皿中，于 80℃水浴上加热融化，加入茶碱搅匀，冷却，置研钵中研碎。加入乳糖搅拌均匀。加羟丙基甲基纤维素胶浆（以 80%乙醇 10mL 制得）制成软材，18 目筛制粒。于 50～60℃干燥，16 目筛整粒、称重，加入硬脂酸镁混匀。计算片重，压片即得。每片含茶碱 100mg。

（3）工艺流程

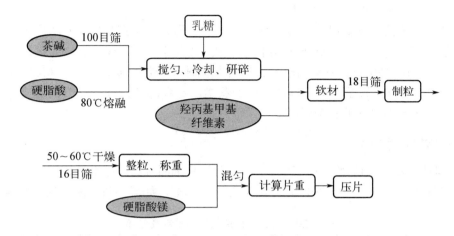

3.茶碱不溶性骨架片的制备

（1）处方

茶碱	10g
HPMC K4M	0.25g
乙基纤维素	7.25g
80%乙醇溶液	适量
硬脂酸镁	适量
共制得	100片

（2）制备　将茶碱、乙基纤维素分别过 100 目筛，羟丙基甲基纤维素过 80 目筛，混合均匀，加 80%乙醇溶液制成软材，过 18 目筛制粒。于 50～60℃干燥，16 目筛整粒、称重，加入硬脂酸镁混匀。计算片重，压片即得。每片含茶碱 100mg。

（3）工艺流程

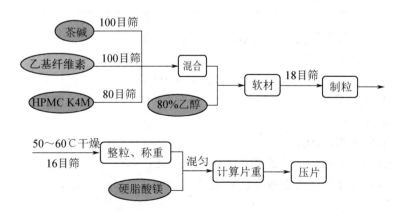

4. 释放度试验方法

（1）标准曲线的绘制　精密称取茶碱对照品约 20mg，置于 100mL 容量瓶中，加 0.1mol/L 的盐酸溶液溶解，定容并摇匀。精密吸取此溶液 10mL 置于 50mL 容量瓶中，加蒸馏水定容并摇匀。然后精密吸取该溶液 2.5、5、7.5、10、12.5、15、17.5mL，分别置于 50mL 容量瓶中，加蒸馏水定容，摇匀。按分光光度法，在波长 270nm 处测定吸光度，以吸光度对浓度进行回归分析，得到标准曲线回归方程。

（2）释放度试验　取制得缓释片 6 片，按《中国药典》释放度测定方法规定，采用溶出度测定法浆法测定，以蒸馏水 900mL 为释放介质，温度为 37℃±0.5℃，转速为 50r/min，经 1、2、3、4、5、6、12h 分别取样 5mL，同时补加同体积释放介质，样品经 0.45μm 微孔滤膜过滤，取续滤液 1mL，置于 10mL 容量瓶中加蒸馏水定容，在 270nm 处测定吸光度，分别计算出每片在上述不同时间的释放量。

五、实验结果与讨论

1. 片剂外观及质量检测：包括制备过程照片、片剂照片、样品重量、平均重量、每一片与平均重量的差异，填入表 4-20，并讨论是否符合标准，如果不符合标准讨论原因。

表 4-20　茶碱缓释片剂样品重量及差异

编号	1	2	3	4	5	6	7	8	9	10	11	12	13	14	15
片重/mg															
差异															
是否符合标准															
编号	16	17	18	19	20	21	22	23	24	25	26	27	28	29	30
片重/mg															
差异															
是否符合标准															

平均片重：_____mg。

2. 结果讨论。

3. 填写表 4-21，绘制标准曲线。

表 4-21　茶碱标准曲线数据

茶碱浓度/(mg/mL)							
吸光度（A_{270}）							

4. 累积释放度的计算结果填入表 4-22，绘制释放曲线。

累积释放度按照下式计算：

$$Rel = nVc / G \times 100\%$$

式中　Rel——累积释放度，%；

　　　n——稀释倍数；

　　　V——取样体积，mL；

　　　c——按照标准曲线计算的样品浓度，mg/mL；

　　　G——缓释片平均所含茶碱量或标准片的标示量，mg。

表 4-22 缓释片的累积释放度数据

项目		样品编号					
		1#	2#	3#	4#	5#	6#
V/mL							
n							
T_1	A_{270}						
	c/(mg/mL)						
	Rel/%						
T_2	A_{270}						
	c/(mg/mL)						
	Rel/%						
T_3	A_{270}						
	c/(mg/mL)						
	Rel/%						
T_4	A_{270}						
	c/(mg/mL)						
	Rel/%						
T_5	A_{270}						
	c/(mg/mL)						
	Rel/%						
T_6	A_{270}						
	c/(mg/mL)						
	Rel/%						
T_{12}	A_{270}						
	c/(mg/mL)						
	Rel/%						

注：T_1、T_2、T_3、T_4、T_5、T_6、T_{12} 为取样时间分别为 1、2、3、4、5、6、12h。

5. 比较不同处方茶碱缓释片的释放曲线，做出评价。

六、思考题

1. 设计口服缓释制剂时主要考虑哪些影响因素？
2. 缓释制剂的释放度实验有何意义？如何使其具有实用价值？
3. 比较三种骨架片的释放速度，讨论出现该结果的原因。
4. 片剂生产中均需进行质量检查。本实验的片剂可能需要做哪些质量检查？

实验十三　液体石蜡微囊的制备及质量检查

一、实验目的

1. 掌握单凝聚法和复凝聚法制备微囊的工艺及原理。

2. 熟悉光学显微镜法测定微囊粒径的方法。
3. 了解利用计算机软件测定微囊粒径及其分布的方法。

二、实验原理

1. 微囊的定义、特点与囊材

微囊（microcapsules）系指天然的或合成的高分子材料（囊材）作为囊膜（membrane wall），将固态或液态药物（囊心物）包裹而成的药库型微型胶囊，其粒径通常在 1～250μm 范围内。药物制成微囊后有如下特点：①掩盖药物的不良气味或口味；②提高药物（如活细胞、基因、酶等）的稳定性；③防止药物在胃内失活或减少对胃的刺激；④改善药物的流动性和可压性，使液态药物固态化，便于应用与贮存；⑤减少复方药物的配伍变化；⑥可制备缓释、控释和迟释制剂；⑦使药物浓集于靶区，提高疗效，降低毒副作用等。

常用的囊材可分为三大类。第一类为天然高分子材料如明胶、阿拉伯胶、海藻酸盐、壳聚糖等。第二类为半合成高分子材料如羧甲基纤维素盐、纤维醋法酯、乙基纤维素、甲基纤维素、羟丙甲纤维素等。第三类为合成高分子材料如聚乳酸、丙交酯-乙交酯共聚物、聚乳酸-聚乙二醇嵌段共聚物、ε-己内酯-丙交酯嵌段共聚物等。

明胶是最常用的囊材，按水解方法不同分为 A 型和 B 型。A 型明胶由酸法水解制得，其等电点为 pH7.0～9.0。B 型明胶由碱法水解制得，其等电点为 pH4.7～5.0。当 pH 高于等电点时，明胶带负电荷；当 pH 低于等电点时，明胶带正电荷。A 型和 B 型两种明胶在成膜性能上无明显差别，可根据药物对酸碱的要求选用 A 型或 B 型。

2. 单凝聚法制备微囊的原理和工艺

以明胶作囊材为例。将药物分散在明胶溶液中，然后加入凝聚剂（可以是强亲水性电解质，如硫酸钠水溶液，或强亲水性的非电解质，如乙醇。在电解质中阴离子的促凝作用较强，其中，硫酸根离子的作用最强，氯离子次之）。由于明胶分子水合膜的水分子与凝聚剂结合，使明胶的溶解度降低，分子间形成氢键，最后从溶液中析出而凝聚形成凝聚囊。这种凝聚是可逆的，一旦解除凝聚的条件（如加水稀释），就可发生解凝聚，使凝聚囊很快消失。这种可逆性在制备过程中可加以利用，经过几次凝聚与解凝聚，直到凝聚囊形成满意的形状为止（可用显微镜观察）。最后加入交联剂甲醛或戊二醛，甲醛与明胶发生胺醛缩合反应，使明胶分子互相交联，其交联程度随甲醛的浓度、作用时间、介质 pH、温度等因素而不同。戊二醛则与明胶发生 Schiff 反应。使明胶分子交联形成网状结构而固化，得到不凝结、不粘连、不可逆的球形或类球形微囊。其过程中加入 20%NaOH 调节介质 pH8～9，有利于胺醛缩合反应进行完全，其反应表示如下：

$$R-NH_2+H_2N-R+HCHO \longrightarrow D-R-NH-CH_2-HN-R+H_2O$$

3. 复凝聚法制备微囊的原理和工艺

以明胶与阿拉伯胶为囊材制备微囊，将明胶溶液的 pH 调至明胶的等电点以下使之带正电（pH4.0 左右），而阿拉伯胶则带负电，由于正负电荷的相互吸引交联形成络合物，溶解度降低而凝聚成囊，加水稀释，甲醛交联固化，洗去甲醛，即得球形或类球形微囊。

本实验以液状石蜡作为模型药物，分别采用单凝聚法或复凝聚法制备微囊。

液状石蜡是从石油中所制得的多种液状烃的混合物，为无色透明油状液体，密度为 0.86～0.905g/mL（25℃）。它在肠内不被消化，吸收极少，对肠壁和粪便起润滑作用，且能阻止肠内水分吸收，软化大便，使之易于排出。在本实验中它们作为脂性液体药物的模型，将其制成微囊后可进一步制成固体制剂和掩味。

三、实验材料与仪器设备

1. 实验材料

液状石蜡、明胶、阿拉伯胶、甲醛、Schiff 试剂、醋酸、NaOH、无水硫酸钠、戊二醛等。

2. 仪器与设备

恒温水浴、电动搅拌器、烧杯、冰浴等。

四、实验内容

1. 液状石蜡（或鱼肝油）微囊的制备（单凝聚法）

（1）处方

液状石蜡（或鱼肝油）	2g
明胶	2g
10%醋酸溶液	适量
40%硫酸钠溶液	适量
37%甲醛溶液	2.4mL
蒸馏水	适量
制成	微囊

（2）制备

① 明胶水溶液的配制

1）用于方法 1 称取明胶 2g，加蒸馏水 10mL，浸泡膨胀后，50℃±1℃水浴加热溶解，即得。保温备用。

2）用于方法 2 称取明胶 2g，加蒸馏水 10mL，浸泡膨胀后，50℃±1℃水浴加热溶解，并稀释至 60mL，保温备用。

② 40%硫酸钠溶液的配制　称取无水硫酸钠 36g，加蒸馏水 90mL 混匀，于 50℃±1℃溶解并保温即得，备用。

③ 硫酸钠稀释液的浓度计算及配制　根据成囊后系统中所含的硫酸钠浓度（如为 a%），再增加 1.5%，以（$a+1.5$）%计算得到稀释液浓度，再计算 3 倍于系统体积所需硫酸钠的重量。重新称量硫酸钠，配成该浓度后，置 50℃±1℃放置即得，备用。

④ 液状石蜡乳状液的制备

1）方法 1　称取液状石蜡 2g 于 150mL 烧杯中，加入 10mL 明胶水溶液，加水稀释至 60mL，组织捣碎机或电动搅拌器搅拌乳化 1～2min，得初乳。

2）方法 2　将液状石蜡 2g 置于研钵中，加入少部分明胶溶液（总量 60mL），研磨至两相液体（淡黄色及无色）逐渐变成近白色均相半固体（约需 10min 以上），再用余下部分明胶溶液转移半固体于烧杯中，搅拌均匀得初乳。将初乳转移于 250mL 烧杯中，用 10%醋酸调节 pH 至 3～4（耗酸约 7mL），即得。取少许于载玻片上用显微镜观察，并记录结果。

⑤ 微囊的制备。将液状石蜡乳状液置于 50℃±1℃水浴中，搅拌下缓慢将 40%硫酸钠溶液滴入乳状液中，至显微镜观察以凝聚成囊为度（需要硫酸钠溶液 10～12mL），记录硫酸钠溶液用量。计算系统中的硫酸钠浓度百分数，以及所需硫酸钠稀释液浓度，并配制稀释液。

搅拌下将成囊系统体积 3 倍的硫酸钠稀释液倒入成囊系统中，使凝聚囊分散，冰水浴降温至 5～10℃，加 37%甲醛 2.4mL，搅拌 15min，加 20%NaOH 调节 pH 至 8～9，继续搅拌 1h，充分静置后，抽滤，用蒸馏水抽洗至洗出液无甲醛（用 Schiff 试剂检查不显色）为止，抽干，即得。

（3）质量检查　在光学显微镜下观察制得微囊的形状，测定其粒径及其分布。

2. 液状石蜡微囊的制备（复凝聚法）

（1）处方

液状石蜡	6mL（约 5.46g）
阿拉伯胶	5g
明胶	5g
37%甲醛溶液	2.5mL
10%醋酸溶液	适量
20%NaOH 溶液	适量
蒸馏水	适量
制成	微囊

（2）制备

① 5%明胶溶液的配制。称取明胶 5g，用蒸馏水适量浸泡溶胀后，加热溶解，加蒸馏水至 100mL，搅匀，即得。50℃保温备用。

② 5%阿拉伯胶溶液的配制。取蒸馏水 80mL 置小烧杯中，加阿拉伯胶粉末 5g，加热至 60℃左右，轻轻搅拌使溶解，加蒸馏水至 100mL，即得。

③ 液状石蜡乳剂的制备。取液状石蜡 6mL（或称取 5.46g）与 5%阿拉伯胶溶液 100mL 置组织捣碎机中，乳化 10s，即得乳剂。取液状石蜡乳剂 1 滴，置载玻片上，显微镜下观察，绘制乳剂形态图。

④ 微囊的制备。将液状石蜡乳转入 1000mL 烧杯中，置 50～55℃水浴上，加 5%明胶溶液 100mL，轻轻搅拌使混合均匀。在不断搅拌下，滴加 10%醋酸溶液于混合液中，调节 pH 至 3.8～4.0（广泛试纸）。

⑤ 微囊的固化。在不断搅拌下，将温度约为 30℃的蒸馏水 400mL 加至上述微囊液中，将含微囊液的烧杯自 50～55℃水浴中取出，在不停搅拌下，自然冷却至温度为 32～35℃时，向其中加入冰块适量，继续搅拌急速降温至 5～10℃，加入 37%甲醛溶液 2.5mL（用蒸馏水稀释 1 倍），搅拌 15min，再用 20% NaOH 溶液调节 pH 至 8～9，继续搅拌 45min，观察至析出微囊为止，取样镜检，静置待微囊沉降。

⑥ 分离。倾去上清液，将沉淀物过滤（或离心分离），微囊用蒸馏水洗至无甲醛味，并用 Schiff 试剂检查滤液不显色，抽滤，50℃干燥，即得。

（3）质量检查　在显微镜下观察微囊的形态并绘制微囊形态图，测定微囊的大小（最大和最多粒径）。比较乳剂和微囊的形态区别。

五、注意事项

1. 为避免离子干扰凝聚，制备及清洗容器均应用蒸馏水。
2. 明胶为高分子化合物，其溶液配制不可过早加热，需先自然溶胀，再加热溶解。
3. 液状石蜡乳状液中的明胶既是囊材又是乳化剂，因此，用电动搅拌器搅拌（约 650r/min）

或用组织捣碎机乳化 1~2min，可保证乳化效果。研钵的乳化力较差，需延长乳化时间。

4. 单凝聚法中 40%硫酸钠溶液在温度低时会析出晶状体，配好后应加盖于 50℃保温备用。

5. 硫酸钠稀释液的浓度至关重要，在凝聚成囊并不断搅拌下，立即计算出稀释液的浓度。例如，成囊已经用去 40%硫酸钠溶液 21mL，而原液状石蜡乳状液体积为 60mL，则凝聚系统中体积为 81mL，其硫酸钠浓度为（40%×21mL）/81mL＝10.4%，增加 1.5%，即（10.4+1.5）%=11.9%就是稀释液的浓度。浓度过高或过低时会导致凝聚囊粘连成团或溶解。

6. 单凝聚法中，在 5~10℃加入甲醛固化，可以提高固化效率。固化完成后应将甲醛洗净，避免其毒性。

7. Schiff 试剂的配制及保存方法

将 100mL 蒸馏水于锥形瓶中加热至沸，去火，加入 0.5g 碱性品红，时时摇荡，并保持微沸 5min 后，室温冷却至 50℃时过滤，滤液中加入 10mL1mol/L 盐酸，冷却至 25℃时再加 0.5g 偏重亚硫酸钠，充分振荡后塞紧瓶塞，将溶液于暗处静置 12~24h。待其颜色由红褪至淡黄后，再加入 0.5g 活性炭，搅拌 5min，过滤，滤液为无色澄清液，置棕色瓶中密闭，外包黑纸，贮于 4℃冰箱中备用。贮存中若出现白色沉淀，则不可再用；若颜色变红，则可加入少许亚硫酸氢钠使之转变为无色后，仍可再用。Schiff 试剂应临用新配。

8. 复凝聚法制备微囊，用 10%醋酸溶液调节 pH 是操作关键。因此，调节 pH 时一定要将溶液搅拌均匀，使整个溶液的 pH 为 3.8~4.0。

9. 制备微囊的过程中，始终伴随搅拌，但搅拌速度以产生泡沫最少为度，必要时加入几滴戊醇或辛醇消泡，可提高收率。

10. 固化前勿停止搅拌，以免微囊粘连成团。

六、实验结果与讨论

1. 记录所制备的各微囊的外观、颜色、形状，并绘制微囊和乳剂在光学显微镜下的形态图，并说明两者之间的差别。

2. 测定微囊的大小，记录最大和最多粒径。

3. 测定平均粒径及其分布，记录所制备微囊的平均粒径及其粒度分布，应提供粒径的平均值及其分布的数据和图形（见本实验附录）。

七、思考题

1. 用单凝聚工艺与复凝聚工艺制备微囊时，药物必须具备什么条件？为什么？
2. 单凝聚工艺与复凝聚工艺有什么异同？
3. 使用交联剂的目的和条件是什么？用 Schiff 试剂检查时显色的反应是什么？
4. 在制备微囊时，应如何使微囊的形状好、收率高？
5. 将药物微囊化后有什么特点？如何判断所制备的微囊是否缓释？

八、附录

1. 粒径的测定方法有多种，如光学显微镜法、电子显微镜法、电感应法、光感应法或激光衍射法等。测定不少于 200 个的粒径（药典要求 500 个，因实验时间所限仅测 200 个），由计算机软件或下式求出：

$$d_{av}=\Sigma(nd)/\Sigma n=(n_1d_1+n_2d_2+\cdots+n_nd_n)/(n_1+n_2+\cdots+n_n)$$

式中，n_1、n_2、$\cdots$、n_n 为具有粒径 d_1、d_2、$\cdots$、d_n 的粒子数。

2. 粒度分布

（1）用跨距表示粒度分布

$$跨距=\frac{D_{90}-D_{10}}{D_{50}}$$

式中，D_{10}、D_{50} 和 D_{90} 分别为粒径累积分布图中10%、50%和90%处所对应的粒径。

（2）用各粒径范围内的粒子数或百分数表示粒径分布数据：以粒径为横坐标，以频率（粒子个数除以粒子总数所得的百分数）为纵坐标，画出粒径分布曲线，以各粒径范围的频率对各粒径范围的平均值作图，画出粒径分布直方图，如图4-6所示。

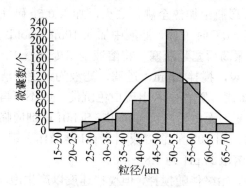

图 4-6 粒径分布直方图

实验十四　薄荷油-β-环糊精包合物的制备

一、实验目的

1. 掌握饱和水溶液法制备包合物的工艺。
2. 掌握计算包合物收率及挥发油包合物的含油率方法。
3. 熟悉包合物形成的验证方法。

二、实验原理

包合物（inclusion complex）系指一种分子被包嵌于另一种分子的空穴结构内形成的结合物。包合材料（主分子，host molecules）具有较大的空穴结构，足以将药物（客分子，guest molecules）容纳在内，通常按1∶1比例形成分子囊（molecular capsules），亦称分子包衣。

药物作为客分子经包合后，溶解度增大、稳定性提高、液态药物粉末化，可防止挥发性成分的挥发，掩盖药物的气味或味道，调节药物释放速率，提高生物利用度，降低药物的毒副作用。

目前药物制剂中常用的包合材料为环糊精（cyclodextrin，CD），常见的有 α、β、γ 3种，它们的空穴内径与物理性质都有较大差别。其中 β-环糊精（β-CD）的空穴内径为 0.7~0.8nm，20℃水中溶解度为 18.5g/L，随着温度升高溶解度增大，在 40、60、80 和 100℃时的溶解度分别为37、80、183、256g/L。采用饱和水溶液法可方便地制得包合物,即用主分子的饱和溶液与客分子相混,再降低温度,客分子进入主分子的空穴中,包合物从水中析出,便于分离。

包合物能否形成,而且是否稳定,主要取决于环糊精和药物的立体结构和两者的极性。药物分子必须同环糊精空穴的形状、大小相适应。能形成包合物的通常都是有机药物。

包合是物理过程而不是化学反应,包合物的稳定性主要取决于两组分间的范德华力。包合物中主分子和客分子的比例一般为非化学计量,因为主分子的空穴可以仅部分被客分子占据,空穴数仅决定客分子的最大填入量,只要客分子不超过最大填入量,主、客分子数之比可以变化。

本实验选用薄荷油为模型药物制备 β-环糊精包合物并对其进行验证。薄荷油是从唇形科植物薄荷中提取的淡绿色挥发性精油,密度为 0.970～0.990g/mL,主含薄荷醇(menthol,分子量 156.27),具有良好的清凉、消炎、止痛、止痒、解痉作用。薄荷油的主要成分薄荷醇的结构式如下:

包合物的质量检查包括包合物的收率、含油率、油的收率。计算公式如下:

$$包合物收率 = \frac{包合物实际量/g}{投入的环糊精量/g + 投药(油)量/g} \times 100\%$$

$$含油率 = \frac{包合物中实际含油量/g}{包合物量/g} \times 100\%$$

$$油的收率 = \frac{包合物中实际含油量/mL}{投油量/mL} \times 100\%$$

包合物的验证可采用薄层色谱法(thin layer chromatography,TLC)、差示扫描量热法(differential scanning calorimentry,DSC)等。

三、实验材料与仪器设备

1. 实验材料

薄荷油、β-环糊精等。

2. 仪器与设备

差示热分析仪、紫外分光光度仪、挥发油提取器、电加热套等。

四、实验内容

1. 薄荷油-β-环糊精包合物的制备

(1)处方

薄荷油	1mL(约0.908g)
β-环糊精	4g
蒸馏水	50mL

(2) 制备

① β-环糊精饱和水溶液。称取 β-环糊精 4g，置 50mL 具塞锥形瓶中，加水 50mL，加热溶解，保温于 50℃±1℃，即得，备用。

② 薄荷油-β-环糊精包合物

精密称取薄荷油 0.908g 或量取 1mL，在磁力搅拌下缓慢滴入于 50℃±1℃ 的 β-环糊精饱和水溶液中，出现浑浊逐渐有白色沉淀析出，继续保温搅拌 2.5h，待沉淀析出完全，抽滤，用无水乙醇 5mL 洗涤 3 次，抽滤，置真空干燥器中干燥，即得。称重。

2. 质量检查

（1）包合物的性状考察：观察其色泽、形态等外观。

（2）验证包合物形成。

A.TLC 法

① 硅胶 G 板。称取硅胶 G，与 0.3%羧甲基纤维素钠水溶液按 1g：3mL 的比例研磨混合调匀，铺板，室温晾干后，110℃活化 1h，备用。也可购买硅胶 G 预制板。

② 样品的制备。样品 a：将薄荷油 1 滴加入于 1mL 95%乙醇中摇匀，即得。样品 b：称取薄荷油-β-环糊精包合物 0.3g，加 95%乙醇 2mL 振摇后过滤，取滤液即得。样品 c：包合物按含油量测定法提取后经无水硫酸钠脱水后的淡黄色澄清液体（此油重量用于计算包合物中的含油率和油的收率），用无水乙醇配成与样品 a 同样的溶液，即得。

③ TLC 条件。用 TLC 点样管取样品 a、b、c 各 10μL 左右，分别点于同一硅胶 G 板上，展开剂为石油醚-乙酸乙酯（17：3），展开前将板置于色谱槽中饱和 10min，上行展开，展距约 12cm，显色剂用 5%香荚兰醛浓硫酸溶液，喷雾后烘干显色。也可用 30%硫酸乙醇溶液为显色剂，喷雾后烘烤 15min，即可显色。

B.DSC 法

① 样品。样品 a：薄荷油-β-环糊精包合物。样品 b：薄荷油与 β-环糊精的物理混合物（与包合物中比例相同）。样品 c：β-环糊精。

② DSC 条件。用 $\alpha\text{-}Al_2O_3$ 为参比物，升温速率为 10℃/min，升温范围：室温～350℃。样品与参比物的称量大致相等，约为 4mg。

（3）包合物中含油量的测定

① 薄荷油的提取。含有相当于 0.4mL 薄荷油的包合物，加入 10 倍量的水，经挥发油提取器提取 2.5h，得淡黄色浑浊油状液体。再用无水硫酸钠脱水得到淡黄色油状澄清液体，即为薄荷油，称重，备用。

② 精密量取薄荷油 0.4mL，置圆底烧瓶中，加蒸馏水 40mL，按上述①法提取薄荷油，并计量（参比对照）。

③ 称取相当于 0.4mL 薄荷油的包合物置圆底烧瓶中，加蒸馏水 40mL，按上述①法提取薄荷油，并计量。

根据所测数值，分别计算包合物的收率、含油率、油的收率。

（4）薄荷油中薄荷脑含量测定

① 对照品贮备液的制备。精密称取薄荷脑对照品 12mg，置 1mL 容量瓶中，用乙酸乙酯溶解并稀释至刻度，得 12mg/mL 贮备液。

② 标准溶液的配制。分别取贮备液 50μL，100μL，200μL，300μL，400μL，500μL，用乙酸乙酯稀释定容至 1mL，得浓度分别为 0.6mg/mL，1.2mg/mL，2.4mg/mL，3.6mg/mL，

4.8mg/mL，6.0mg/mL 的系列标准溶液。

③ 样品溶液的配制。取薄荷油以及包合物中的薄荷油样品各 50μL，放入 5mL 容量瓶，用乙酸乙酯稀释至刻度。

④ 色谱条件。进样口温度：250℃，柱温：130℃，检测器温度：250℃，载气流速：2mL/min，氢气流速 35mL/min，空气流速 450mL/min，FID 检测器，进样量 1μL。

⑤ 样品测定。在同一色谱条件下，分别取系列标准溶液各 1μL 进样，得峰面积对浓度作标准曲线，同一色谱条件下，样品溶液 1μL 进样，进样 3 次，取平均值，计算获得薄荷油中薄荷脑的含量。

五、注意事项

1. β-环糊精包合物的制备与保温温度为 60℃±1℃，包合物制备过程中搅拌时间要充分，应盖上瓶塞，防止薄荷油挥发。最后用无水乙醇洗涤是为了去除未包封的薄荷油，洗涤液不要过量。否则会影响含油率及包合物收率。

2. 用 TLC 法验证包合物时，要求点样的量适当并应放置待乙醇挥发完全后再展开，上样过多或点样后立即展开均会造成拖尾。上样太少则不出现斑点。展开剂为混合溶液，应减少容器开启时间，以保持其比例。显色时，烘烤温度不宜过高，时间不宜过长，否则薄层板易糊化变黑。

六、实验结果与讨论

1. 描述包合物的性状。
2. 将挥发油包合物的含油率、油的收率及包合物的收率填入表 4-23 中。

表 4-23　包合物的含油率、油的收率及包合物的收率

样品	含油率/%	油的收率/%	包合物的收率/%
陈皮油包合物			

3. 包合物形成的验证
（1）绘制 TLC 图，叙述包合前后特征斑点与比移值的情况，说明包合物的形成。
（2）绘制包合物的 DSC 图，比较包合前后与混合物的结果，说明包合物的形成。

4. 计算薄荷油中薄荷脑的含量，比较包合前后薄荷脑含量的变化，讨论挥发油类进行包合对其疗效的影响。

七、思考题

1. 制备包合物的关键是什么？应如何进行控制？
2. 本实验为什么选用 β-环糊精为主分子？它有何特点？
3. 除 TLC 与 DSC 以外，还有哪些方法可以用于包合物形成的验证？

第五章

天然产物提取实验

　　天然产物的来源有动物、植物和矿物等，其中以植物类为主。天然产物提取本身就是一种物质分离的过程。植物的化学成分很复杂，普遍含有蛋白质、糖类、淀粉、纤维素、树脂、叶绿素及无机盐等；多数植物还含有生物碱、挥发油、苷类（皂苷、强心苷、黄酮苷等）等一些次生代谢产物，它们往往具有一定的生理活性，成为天然提取物的有效成分。随着科学技术的发展，人们对天然产物的研究也逐渐深入，从天然产物分离有效成分有以下几方面的意义：①减低原植物毒性，并提高疗效；②改进剂型，控制生产质量；③扩大中药植物资源；④进行化学合成或结构改造；⑤探索中药防病治病的药效基础等。

　　天然产物一般具有广泛的临床用途，因此在寻找它的有效成分时首先应该寻找目标，分别寻找其中有某种疗效的有效成分，然后通过化学提取、分离纯化、相应的动物模型筛选以及临床验证反复实践从而达到目的。

　　天然产物提取方法有煎煮法、浸渍法、渗漉法、回流法、索氏提取法、水蒸气蒸馏法等，操作工艺简单、设备价格合理、符合中医药理论，在中药制药业发展过程中发挥了重大作用。随着科学技术的发展，不断涌现出新的提取工艺和技术，如超临界流体萃取法、半仿生提取法、微波萃取法、超声提取法、酶法提取法、压榨提取法、组织破碎提取法、色谱分离方法等。天然产物提取技术选择时应从药效、药理、工艺、工程、经济、环保、循环再利用等角度综合考虑为好。理想的提取技术应具有提取效率高、有效成分损失小、提取物临床疗效好且质量稳定、工艺简便且操作连续自动和安全、提取时间短，且经济、绿色和环保等优点。

实验一　大枣中多糖的提取

一、实验目的

1. 学习多糖的提取分离方法及工艺。
2. 熟悉萃取、离心、蒸发、干燥等单元操作。
3. 掌握苯酚-硫酸法鉴定多糖的方法。

扫码看视频

二、实验原理

多糖化合物作为一种免疫调节剂，能激活免疫细胞，提高机体的免疫功能，而对正常的细胞没有毒害作用，在临床上用来治疗恶性肿瘤、肝炎等疾病。大分子植物多糖如淀粉、纤维素等多不溶于水，且在医药制剂中仅作为辅料成分，无特异的生物活性。目前所研究的多糖，因其分子量较小，多可溶于水，因其极性基团较多，故难溶于有机溶剂。

多糖的提取方法通常有以下三种：

1. 直接溶剂浸提法

直接溶剂浸提法是传统方法，在我国已有几千年历史。该方法具有设备简单、操作方便、适用面广等优点。但具有操作时间长，对不同成分的浸提速率分辨率不高、能耗较高等缺点。

2. 索氏提取法

在有效成分提取方面曾经有过较为广泛的应用，其提取原理为：在索氏提取法中，基质总是浸泡在相对比较纯的溶剂中，目标成分在基质内、外的浓度梯度比较大；在回流提取中，溶液处于沸腾状态，溶液与基质间的扰动加强，减少了基质表面流体膜的扩散阻力，根据费克扩散定律，由于固体颗粒内、外浓度相差比较大，扩散速率较高，达到相同浓度所需时间较短，且由于每次提取液为新鲜溶剂，能提供较大的溶解能力，所以提取率较高。但索氏提取法溶剂每循环一次所需时间较长，不适合用于高沸点溶剂。

3. 新型提取方法

随着科学技术的发展，近年出现了一些新的提取方法和新的设备，如超声波提取、微波提取以及膜分离集成技术，极大地丰富了中草药药用成分提取理论。此外还有透析法、柱色谱法、分子筛分离法及中空纤维超滤法等。

实际应用中，可根据原材料及其多糖的特点，设计不同的提取工艺。本实验采用直接溶剂浸提法提取大枣多糖。

三、实验材料与仪器设备

1. 实验材料

无水乙醇，浓硫酸，苯酚（常压蒸馏，收集182℃馏分）等。

2. 仪器与设备

电热恒温水浴锅，电子天平，真空干燥箱，电动搅拌器，低速离心机，旋转蒸发仪，循环水式真空泵，家用多功能粉碎机，圆底烧瓶，量筒，容量瓶，试管，移液管，玻璃棒，烧杯等。

四、实验内容

1. 大枣多糖的提取

（1）大枣烘干，粉碎，称取枣粉10g，装入烧瓶中，并加入200mL蒸馏水。

（2）在80℃水浴中，搅拌提取3h。

（3）将大枣提取液离心，得到上清液，并定溶于200mL容量瓶中，从中移取10mL于试管中。

（4）剩余上清液于45℃在旋转蒸发仪减压浓缩至原提取溶液体积的1/2，浓缩液中加220mL无水乙醇使溶液中乙醇含量达到70%，静置2h后离心分离，收集沉淀，加入多糖沉淀两倍体积的无水乙醇洗涤，离心分离后将沉淀放入45℃真空干燥箱，干燥至恒重得到大枣粗多糖。

（5）提取率计算

$$提取率 = \frac{干燥大枣粗多糖质量}{原枣粉质量} \times 100\%$$

2. 多糖的鉴定

（1）5%苯酚溶液的配制　取苯酚100g，加铝片0.1g和$NaHCO_3$ 0.05g，蒸馏收集182℃馏分，称取此馏分25g，加水475g，置于棕色瓶放入冰箱备用。

（2）移取大枣多糖提取液三份各1mL，标为1#、2#、3#，分别定容于50、100、200mL容量瓶中。

（3）分别移取上述三种多糖溶液各1mL于试管中，然后依次加入1.6mL 5%的苯酚溶液、7mL浓硫酸，振荡摇匀后于室温冷却，观察溶液颜色变化。

五、实验结果与讨论

记录实验条件、过程、各试剂用量及产品质量及可观察到的现象，计算大枣多糖的产率，填写表5-1。

表5-1　多糖提取实验结果

组别	多糖质量/g	提取率/%	溶液颜色变化
			1#
			2#
			3#

六、思考题

1. 与不同小组的实验结果进行比较，讨论影响多糖提取实验结果的因素有哪些？
2. 结合糖的性质，分析采用苯酚-硫酸法鉴定大枣多糖的原理，并讨论溶液颜色与多糖含量的关系。

实验二　白芷中香豆素的提取

一、实验目的

1. 掌握连续回流提取法的原理和方法。
2. 掌握重结晶的原理和方法。

二、实验原理

白芷（*Angelicae dahuricae radix*）为伞形科植物白芷和杭白芷的干燥根，具有散风除湿、通窍止痛、消肿排脓的功能。白芷中的主要有效成分为香豆素类化合物。用单味白芷的提取物（其中主要是香豆素类化合物）制成的制剂对功能性头痛、白癜风的临床疗效较好。异欧前胡素和欧前胡素为白芷的主要有效成分，其结构如下：

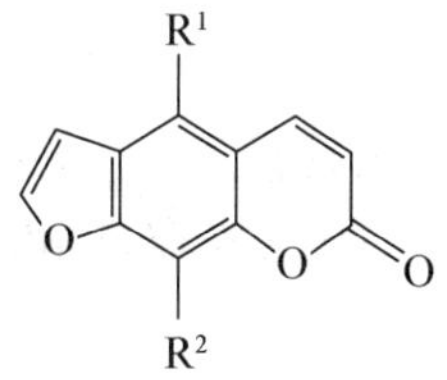

异欧前胡素：$R^1O-CH_2-CH=C\begin{smallmatrix}CH_3\\CH_3\end{smallmatrix}$ ；$R^2=H$

欧前胡素：$R^1=H$；$R^2O-CH_2-CH=C\begin{smallmatrix}CH_3\\CH_3\end{smallmatrix}$

常见的提取方法有溶剂提取法、水蒸气蒸馏法、升华法。其中，溶剂提取法应用最广。溶剂提取法依据相似相溶原理，选择与化合物极性相当的溶剂将化合物从植物等材料中溶解出来，同时，由于某些化合物的增溶或助溶作用，其极性与溶剂极性相差较大的化合物也可溶解出来。溶剂提取法一般包括浸渍法、渗漉法、煎煮法、回流提取法、连续回流提取法等，其使用范围和特点各有所不同。连续回流提取法具有提取效率高、溶剂使用量少等优点。

本实验采用连续回流提取法提取白芷中的香豆素。

三、实验材料与仪器设备

1. 实验材料

乙醇，白芷粗粉，石油醚，乙醚，蒸馏水，丙酮等。

2. 仪器与设备

烧杯，圆底烧瓶，三角烧瓶，索氏提取器，电子天平，恒温水浴，硅胶薄层板，色谱缸，球形冷凝管，真空泵等。

四、实验内容

1. 白芷中香豆素的提取

取白芷粗粉 30g，置于索氏提取器中，加入 95% 的乙醇 300mL，80℃恒温水浴回流 4h，提取液减压浓缩至糖浆状，用丙酮溶解并转移至 50mL 三角烧瓶中，放置析晶，抽滤后，再重结晶，所得产品干燥称重，计算得率。

2. 产品的薄层色谱鉴定

色谱材料：硅胶薄层板。

点样：产品，异欧前胡素和欧前胡素标准品。

展开剂：石油醚-乙醚 1：1。

显色：置于紫外光灯（365nm）下，观察斑点颜色。

展开方式：预饱和后，上行展开。

五、实验结果与讨论

1. 记录实验条件、现象、图谱、斑点颜色、各试剂用量及产品的重量。

2. 计算产率。

六、思考题

1. 连续回流法的原理是什么？有什么特点？
2. 对比浸渍法、渗漉法、煎煮法、回流提取法和连续回流提取法的使用范围和特点是什么？

实验三　胱氨酸的提取

一、实验目的

1. 了解胱氨酸的性质和用途。
2. 了解胱氨酸的常规制备方法。
3. 通过本实验的具体操作，掌握和熟悉从动物的毛发中提取制备胱氨酸的方法及其操作原理和步骤。

二、实验原理

胱氨酸是由两个 β-巯基-α-氨基丙酸组成的含硫氨基酸，白色六角形板状晶体或结晶粉末，不溶于乙醇、乙醚，难溶于水。易溶于酸、碱溶液，但在热碱溶液中可被分解。胱氨酸比半胱氨酸稳定，在体内转变成半胱氨酸后参与蛋白质的合成和各种代谢过程，有促进毛发生长和防止皮肤老化等作用。临床上用于治疗膀胱炎、各种突发症、肝炎、神经痛、中毒性病症、放射损伤以及各种原因引起的巨细胞减少症，并是治疗一些药物中毒等的特效药。在食品工业、生化及营养学研究领域也有广泛的作用。

胱氨酸是氨基酸中最难溶于水的一种，因此可利用这一特性，通过酸性水解，利用等电点沉淀法，从猪毛、人发等角蛋白中，分离提取胱氨酸。

三、实验材料与仪器设备

1. 实验材料

氢氧化钠，氨水，盐酸，活性炭，硫酸铜，毛发等。

2. 仪器与设备

电动搅拌器，烧杯，真空泵，干燥器，回流冷凝管，布氏漏斗，三口烧瓶，温度计，电子天平，量筒，酸度计等。

四、实验内容

1. 清洗

除去废杂毛内混杂的泥沙、石块、草木等杂物，用60℃左右的热水，加少量洗涤剂，搅拌洗涤4～5min，洗去吸附在杂毛上的油脂，放在通风处晒干或烘干备用。

2. 提取

按废杂毛量，先量取2倍体积30%的工业盐酸，加入到烧瓶中，通电加热到70～80℃，立即投入已经清洗晒干的废杂毛，继续加热，间歇搅拌，使瓶内温度均匀。升温到100℃时开始记温，每隔半小时记温一次，在1h内升温至110～120℃，然后继续水解8h左右。加入活性炭（约占总体积 3%），搅拌 2h 左右，趁热用玻璃布过滤，收集滤液。

3. 中和

将以上滤液加热到 50℃左右，搅拌下用 30%左右的氢氧化钠溶液中和滤液至 pH 值为 4.8，然后静置过夜，过滤除去滤液，收集沉淀物（粗品）。

4. 提纯

将以上粗品用 13%～14%的盐酸溶液溶解，在搅拌下，加热到 80℃，加入粗品量的 10%的活性炭，搅拌脱色 1～2h，趁热过滤，收集滤液。

5. 结晶

将滤液加热至 80℃，用氨水中和至 pH 值为 4.8，搅拌均匀，静置过夜，后过滤，滤液可制备酪氨酸，收集结晶备用。

6. 精制

将结晶物用 1∶12 盐酸溶液溶解，搅拌均匀，加热到 80℃，加入晶体量的 5%的活性炭，搅拌脱色 1h，趁热过滤，在滤液中加入 2%的乙二胺四乙酸进行脱铁，搅拌 30min 后，过滤，收集无色透明滤液。

7. 沉淀

将滤液用 2 号砂芯滤球过滤，滤液用 2～3 倍体积的蒸馏水稀释，后加热到 80℃，搅拌均匀，用氨水调节 pH 至 4～4.1，冷却至室温静置过夜，过滤出结晶物。

8. 干燥

将结晶沉淀物用去离子水洗涤至无氯离子，滤干，于 60～70℃下烘干，即为产品。

五、实验结果与讨论

1. 记录实验条件、过程、各试剂用量及可观察到的现象。
2. 计算胱氨酸的产率。

六、思考题

1. 水解蛋白质有哪几种方法，各有什么特点？
2. 在进行氨基酸的分离纯化时应注意什么问题？
3. 可以采取哪些措施提高胱氨酸的纯度和产率？

实验四 粉防己碱的提取、分离与鉴定

一、实验目的

1. 掌握总生物碱中酚性叔胺碱、非酚性叔胺碱及水溶性生物碱的提取、分离和纯化法。
2. 熟悉生物碱的理化性质与鉴别方法。

二、实验原理

粉防己又称汉防己、倒地拱，为千金藤属防己科植物粉防己的干燥块根。味苦辛、性寒，能祛风除湿、利水消肿、行气止痛，主治风湿性关节疼痛。从粉防己中已经分离出 5～6 种

生物碱，其中主要为粉防己碱（tetrandrine）和防己诺林碱（fangchinoline），前者又称粉防己甲素或汉防己碱，后者又称去甲粉防己碱或粉防己乙素，二者均属双苯甲基四氢异喹啉类生物碱。此外，粉防己中还含有轮环藤酚碱（cyclanoline），属于小檗碱型，是水溶性季铵生物碱。它们的性质如下。

粉防己碱在粉防己中含量约为1%，熔点217～218℃（具有双熔点现象，126～127℃熔融，153℃固化，于217～218℃复熔融），不溶于水、石油醚，易溶于乙醇、乙醚、三氯甲烷等有机溶剂及稀酸水溶液中，可溶于冷苯。

防己诺林碱在粉防己中含量约为0.5%，所用溶剂不同，结晶熔点不同。甲醇中结晶呈细棒状，熔点238～240℃。丙酮中结晶为六面体粒状，熔点134～135℃。溶解度与粉防己碱相似，由于极性较粉防己碱稍高，故在苯中的溶解度小于粉防己碱。粉防己碱和防己诺林碱结构如下（粉防己碱R=CH$_3$，防己诺林碱R=H）：

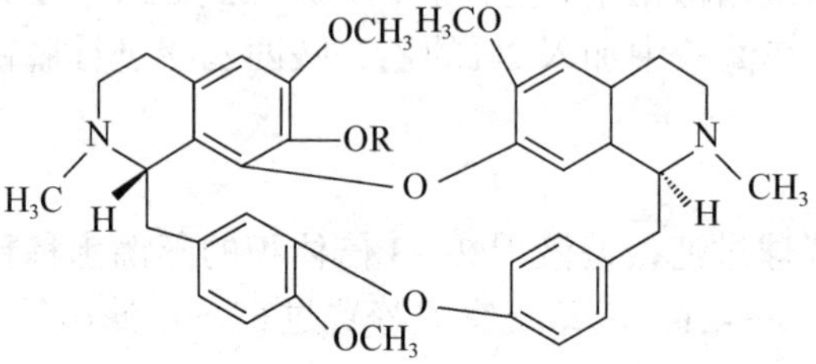

轮环藤酚碱含量约为0.12%，为水溶性酚性季铵碱，可溶于水、乙醇，不溶于非极性溶剂，氯化物为无色八面体结晶，其结构如下：

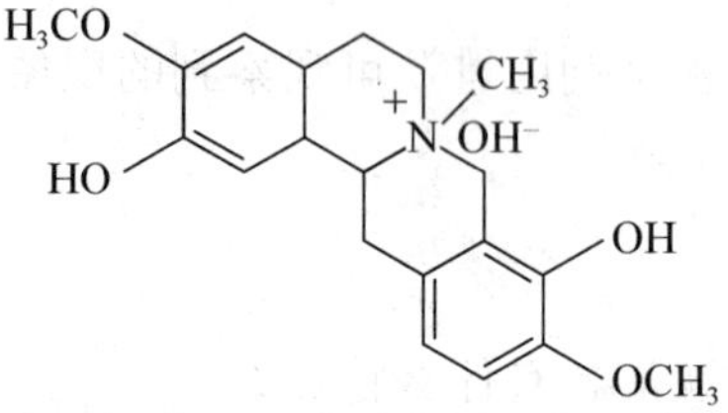

利用生物碱可溶于一般有机溶剂的通性，用乙醇将总生物碱提取，回收乙醇得总生物碱浸膏。利用脂溶性生物碱在酸性条件下成盐后，溶于水不溶于极性小的有机溶剂；在碱性条件下成游离生物碱，溶于极性小的有机溶剂不溶于水的特点，如此反复萃取，使脂溶性的粉防己碱及防己诺林碱与水溶性的轮环藤酚碱分开，并去除部分杂质。

粉防己碱的两个氮原子均为叔胺状态，亲脂性较强，可溶于冷苯中。而防己诺林碱是粉防己碱的O-去甲基衍生物，由于酚羟基受到邻位取代基的空间位阻，以及分子内氢键的形成，使酚羟基的酸性大大减弱，因此防己诺林碱不能溶于强碱溶液。但由于酚羟基的存在，使亲脂性减弱，难溶于冷苯中，据此可与粉防己碱分离。

三、实验材料与仪器设备

1. 实验材料

粉防己（粗粉），无水碳酸钾，活性炭，浓氨水，盐酸，氢氧化钠，广泛pH试纸，乙醇，甲醇，三氯甲烷，苯，丙酮等。

2. 仪器与设备

电热套，圆底烧瓶，三角烧瓶，冷凝管，分液漏斗，布氏漏斗，吸滤瓶等。

四、实验内容

1. 总生物碱的提取

称取粉防己粗粉150g，置于1000mL圆底烧瓶中，加乙醇450mL，水浴加热回流2.5h，过滤，药渣再以同样浓度的乙醇约400mL同法提取一次，冷却后过滤除去药渣。合并两次提取液，放冷后有絮状物析出，抽滤，回收乙醇至无醇味，浓缩，得到总生物碱浸膏。

2. 亲脂性生物碱和亲水性生物碱的分离

将总生物碱浸膏移至1000mL三角瓶中，逐渐加入1%盐酸稀释，并不断搅拌使其溶解，静置，倾出上清液。在水液未加足前，树脂状物常混悬于水中，继续加稀盐酸搅拌，直至加酸时溶液不再出现浑浊时止（约需要200mL）。搅拌，静置，倾出上清液。用1%盐酸少量（10mL）多次洗涤树脂状不溶物，直至洗液对生物碱试剂反应现象不明显时止。

合并洗液与上清液，静置，抽滤，得到澄清液体。将该液体置于1000mL三角瓶中，滴加浓氨水至pH为9~10，此时亲脂性叔胺碱游离析出。注意如有发热现象，可用水浴冷却。加三氯甲烷150mL，移至1000mL分液漏斗中振摇萃取，此时亲脂性叔胺碱被溶解于三氯甲烷中。分取三氯甲烷层，上层的碱水溶液再以新鲜的三氯甲烷萃取，每次用三氯甲烷100mL，至三氯甲烷提取液的生物碱反应微弱时止（可以取少量三氯甲烷萃取液于表面皿中，挥干溶剂，残留物中加少量盐酸，使其溶解，再进行生物碱沉淀实验），合并三氯甲烷溶液，按下述步骤3的方法再分离。而三氯甲烷萃取过的氨碱性水溶液含有亲水性季铵碱（取少量该试液，用盐酸调至pH至4~5，滴加雷氏铵盐饱和水溶液，观察有无沉淀生成来鉴别）。

3. 亲脂性生物碱中酚性与非酚性生物碱的分离

将三氯甲烷转移至1000mL分液漏斗中，加1%氢氧化钠水溶液85mL萃取3次，三氯甲烷再用25mL蒸馏水各洗涤两次，移至三角瓶中，加无水碳酸钾15~20g，加塞振摇1min，静置脱水10min脱水干燥，过滤；蒸去三氯甲烷，挥发去残留溶剂后，得粗总非酚性生物碱（包括防己诺林碱）。

4. 叔胺生物碱粉防己碱和防己诺林碱的分离纯化

将非酚性生物碱置于圆底烧瓶中，加苯50mL，水浴加热回流使生物碱溶解，稍冷倾出上清液，再重复操作回流数次，合并苯提取液，过滤得澄清溶液。真空浓缩回收苯，残余物加30mL丙酮，水浴加热溶解，过滤，用热丙酮液洗涤滤纸，合并滤液和洗液，置于100mL三角烧瓶中，回收丙酮至适量，加塞冷却，静置使结晶析出，抽滤，即得粉防己碱和防己诺林碱的混合物。

粉防己碱和防己诺林碱的混合物的分离用苯冷浸法，即取上述结晶状混合物，置于50mL三角烧瓶中，加5~6倍量的苯冷浸，不断振摇，冷浸1h后，抽滤分出苯溶液和苯不溶物。其中，苯溶液回收苯，残留物以丙酮重结晶，得细针状结晶为粉防己碱。苯不溶物待挥去苯残留后，再用丙酮重结晶，得粒状结晶为防己诺林碱。

5. 粉防己碱的鉴定

（1）沉淀反应

① 碘化汞钾试验。取供试样品的稀酸水溶液1mL，加碘化汞钾试剂1~2滴，如有生物碱成分存在时应出现白色或类白色沉淀。

② 碘化铋钾试验。取供试样品的稀酸水溶液 1mL，加碘化铋钾试剂 1～2 滴，如有生物碱成分存在时应出现棕黄至棕红色沉淀。

③ 雷氏铵盐试验。取供试样品的稀酸水溶液（pH4～5）1mL，加雷氏铵盐试剂数滴，如有生物碱成分存在时应出现黄红色沉淀。

④ 苦味酸试验。取供试样品的中性溶液，加苦味酸的饱和溶液 1～2 滴，如有生物碱成分存在时应出现黄色沉淀。

（2）薄层色谱

① 吸附剂：硅胶-CMC-Na 硬板（5cm×15cm）。

② 供试品：0.1%粉防己碱醇溶液；0.1%防己诺林碱的醇溶液（自制）。

③ 对照品：0.1%粉防己碱醇溶液；0.1%防己诺林碱的醇溶液。

④ 展开剂：三氯甲烷-甲醇-丙酮（4∶1∶5），氨气饱和；

　　　　　甲苯-丙酮-甲醇（4∶5∶1），氨气饱和；

　　　　　三氯甲烷-乙醇（10∶1），氨气饱和。

⑤ 显色剂：改良的碘化铋钾试剂（喷雾）。

五、注意事项

1. 提取总生物碱时，回收乙醇至稀浸膏即可（糖浆状，约 70mL），否则加入 1%盐酸溶液后，会结块影响提取效果。

2. 两相溶剂萃取法操作时应注意不要用力振摇，将分液漏斗轻轻旋转摇动，避免产生乳化现象。振摇动作缓和，可适当延长振摇时间，但不要因为怕乳化而不敢振摇，从而造成萃取分离不完全而损失有效成分。

3. 在进行两相溶液萃取时，力求萃取尽生物碱，防止生物碱丢失而影响收率。通常采用薄层板、纸上斑点试验方法和生物碱沉淀法检查生物碱是否萃取完全。

4. 防己诺林碱虽有酚羟基，但不溶于氢氧化钠水溶液中，因而和非酚性生物碱一起留在三氯甲烷溶液中。

六、实验结果与讨论

1. 以流程图的形式表示粉防己碱、防己诺林碱的提取分离过程。

2. 记录粉防己粗粉的投放量，产品的收率。

3. 记录提取分离过程及防己生物碱的鉴定结果和 TLC 图谱。

七、思考题

1. 粉防己碱和防己诺林碱在结构和性质上有何异同，怎样分离？

2. 通过提取分离粉防己中的粉防己碱和防己诺林碱，试述两相溶剂萃取法的原理是什么？操作时要注意哪些问题？萃取操作中若已经发生乳化应该如何处理？

3. 用生物碱沉淀反应鉴定粉防己碱时，为什么选用三种生物碱沉淀试剂？操作时要注意什么问题？

实验五　芦丁的提取、分离与鉴定

一、实验目的

1. 通过芦丁的提取与精制掌握碱-酸法提取黄酮类化合物的原理及操作。
2. 掌握芦丁的一种提取、精制方法及提制过程中防止苷水解的方法。
3. 掌握黄酮苷水解生成苷元的方法及二者之间的分离。
4. 熟悉芦丁、槲皮素的结构性质、检识方法和纸色谱鉴定方法。

二、实验原理

芦丁（Rutin）广泛存在于植物界中，现已发现含芦丁的植物至少在 70 种以上，如烟叶、槐花、荞麦和蒲公英中均含有。尤以槐花米（为植物 Sophora japonica 的未开放的花蕾）和荞麦中含量最高，可作为大量提取芦丁的原料。槐花米为豆科植物槐花的未开放花蕾。味苦性凉，具清热、凉血、止血之功。芦丁是由槲皮素（Quercetin）3 位上的羟基与芸香糖（Rutinose）[为 1 分子的葡萄糖（Glucose）与 1 分子的鼠李糖（Rhamnose）以 1-6 连接组成的双糖]脱水而成的苷，为浅黄色粉末或极细的针状结晶，含有三分子的结晶水，熔点为 174~178℃，无水物熔点为 188~190℃。溶解度：冷水中为 1:10000；热水中为 1:200；冷乙醇中为 1:650；热乙醇中为 1:60；冷吡啶中为 1:12。微溶于丙酮、乙酸乙酯，不溶于苯、乙醚、氯仿、石油醚，溶于碱而呈黄色。芦丁结构式如下：

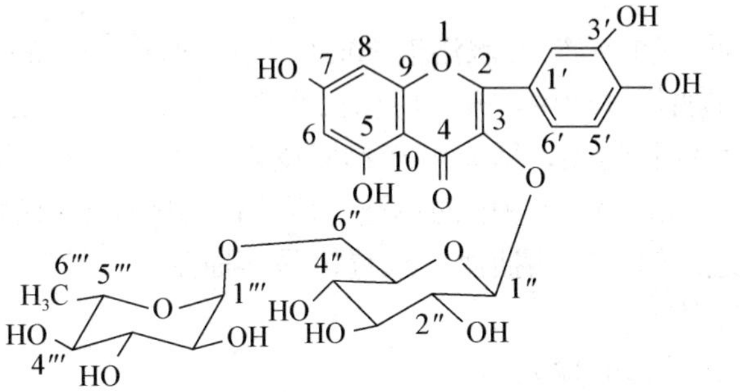

提取芦丁的方法有很多，目前多采用碱提取-酸沉淀的方法，其提取原理是：因芦丁的结构中含有酚羟基，与碱成盐后溶于水中，向此盐溶液中加入酸，调节溶液至适当的 pH 值，则芦丁又重新游离析出，从而获得粗制芦丁。芦丁可被稀酸水解，生成槲皮素及葡萄糖、鼠李糖，并能通过纸色谱鉴定。芦丁及槲皮素还可通过化学反应及紫外光谱鉴定。

芦丁有助于保持及恢复毛细血管的正常弹性，主要用作防治高血压病的辅助治疗剂，亦可用于防治因缺乏芦丁所致的其他出血症。多作口服，亦可用作注射用。

三、实验材料与仪器设备

1. 实验材料

槐米，石灰乳，0.4%的硼砂水溶液，2%的硫酸溶液，浓盐酸，正丁醇，醋酸，氨水，1%的氢氧化钠溶液，1%的三氯化铝乙醇溶液，1%的葡萄糖溶液，1%的鼠李糖溶液，1%的芸香苷乙醇溶液，1%的槲皮素乙醇溶液，95%乙醇，碳酸钡等。

2. 仪器与设备

烧杯，布氏漏斗，吸滤瓶，圆底烧瓶，电加热套，球形冷凝管，试管，喷瓶，旋转蒸发器，真空泵，分液漏斗，熔点仪，紫外分光光度计，容量瓶，广泛pH试纸、中速色谱滤纸等。

四、实验内容

1. 提取

称取槐米30g，在研钵中研碎后，投入300mL 0.4%硼砂溶液的沸水溶液中，煮沸2~3min，在搅拌下加入石灰乳调pH9，煮沸40min（注意添加水，保持原有体积，保持pH8~9），趁热倾出上清液，用棉花过滤。残渣加100mL水，加石灰乳调pH9，煮沸30min，趁热用棉花过滤，二次滤液合并。滤液保持在60℃，加浓HCl，调pH2~3，放置过夜，则析出芦丁沉淀。

加0.4%硼砂水溶液200mL，在搅拌下加石灰乳调pH值至8~9，加热，煮沸15min，随时补充失去的水分，保持pH8~9，倾出上清液，用四层纱布过滤；同样操作再提取一次。合并两次滤液，放冷，并用盐酸调pH至2~3，放置过夜，待析出结晶，过滤，滤饼用蒸馏水洗至pH5~6，抽干，置空气中晾干，得粗制芸香苷，称重，计算得率。

2. 精制

将芸香苷粗品悬浮于蒸馏水中，煮沸至芸香苷全部溶解，加少量活性炭，煮沸5~10min，趁热抽滤，冷却后即可析出结晶，抽滤至干，置空气中晾干，或60~70℃干燥，得精制芸香苷，称重，计算得率。

3. 芸香苷的水解

取芸香苷1g，研碎，加2%硫酸水溶液80mL，小火加热，微沸回流30~60min，并及时补充蒸发掉的水分。在加热过程中，开始时溶液呈浑浊状态，约10min后，溶液由浑浊转为澄清，逐渐析出黄色小针状结晶，即水解产物槲皮素，继续加热至结晶物不再增加时为止。抽滤，保留滤液20mL，以检查滤液中的单糖。所滤得的槲皮素粗晶水洗至中性，加70%乙醇80mL加热回流使之溶解，趁热抽滤，放置析晶。抽滤，得精制槲皮素。减压下于110℃干燥，可得槲皮素无水物。

4. 芸香苷、槲皮素及糖的检识

（1）颜色反应

① α-萘酚-浓硫酸（Molisch）试验。取芸香苷少许置于试管中，加乙醇1mL振摇，加α-萘酚试剂2~3滴振摇，倾斜试管，沿管壁徐徐加入0.5mL浓硫酸，静置，观察两层溶液界面变化，出现紫红色环者为阳性反应，表示试样的分子中含有糖的结构，糖和苷类均有呈阳性反应。比较芸香苷和槲皮素的不同。

② 盐酸-镁粉试验。取芸香苷少许置于试管中，加5%乙醇2mL，在水浴中加热溶解，滴加浓盐酸2滴，再加镁粉约50mg，即产生剧烈的反应。溶液逐渐由黄色变为红色。

③ 三氯化铁试验。取样品水或乙醇溶液，加入三氯化铁试剂数滴，观察颜色变化。

④ 二氯化铝试验。取芸香苷少许置于试管中，加入甲醇1~2mL，在水浴中加热溶解，加1%三氯化铝甲醇试剂2~3滴，呈鲜黄色。以同样方法试验槲皮素。

⑤ 醋酸镁试验。取芸香苷少许置于试管中，加入甲醇1~2mL，在水浴中加热溶解，加1%醋酸镁甲醇试剂2~3滴，呈黄色荧光反应。以同样方法试验槲皮素（反应也可在滤纸上

⑥ 氧氯化锆-枸橼酸试验。取芸香苷少许置于试管中，加甲醇1～2mL，在水浴上加热溶解，再加2%氧氯化锆甲醇试剂3～4滴，呈鲜黄色。然后加2%枸橼酸甲醇试剂3～4滴，黄色变浅，加蒸馏水稀释变无色。以同样方法试验槲皮素进行对照。

⑦ 氢氧化钠试验。取芸香苷少许置于试管中，加水2mL振摇，观察试管中有无变化。滴加1%氢氧化钠溶液数滴，振摇使溶解，呈黄色澄清溶液。再加入1%盐酸溶液数滴使呈酸性反应，则溶液由澄清转为浑浊状态。

（2）色谱检识

① 槲皮素和芦丁的薄层鉴定

1）聚酰胺薄层色谱

固定相：聚酰胺薄层板。

样　品：a.精制芦丁；b.芦丁标准品；c.精制槲皮素。

展开剂：氯仿：甲醇：丁酮：乙酰丙酮（16：10：5：1）。

显　色：a.可见光下观察色斑，再于紫外灯下观察荧光斑点；b.喷洒$AlCl_3$乙醇液后观察。

2）硅胶薄层色谱

吸附剂：硅胶G，105℃下活化2h。

展开剂：a.氯仿：甲醇：甲酸（15：5：1）；b.氯仿：丁酮：甲酸（5：3：1）。

显色剂：1%$FeCl_3$和1%$K_3[Fe(CN)_6]$水溶液，应用时等体积混合。

② 芸香苷和槲皮素的纸色谱检识

支持剂：色谱滤纸（中速、20cm×7cm）。

样　品：自制1%芸香苷乙醇溶液；自制1%槲皮素乙醇溶液。

对照品：1%槲皮素标准品与1%芸香苷标准品乙醇溶液。

展开剂：a. 正丁醇：冰醋酸：水（4：1：5上层）； b. 15%醋酸水溶液。

展　距：10～15cm。

显　色：a. 先在可见光下观察斑点颜色，再在紫外光下观察斑点颜色； b. 喷三氯化铝试剂呈黄色斑点； c. 经氨气熏后再于可见、紫外光下观察。

③ 糖的纸色谱检识。取上述芸香苷水解后的母液20mL，加入氢氧化钡细粉（约2.6g）中和至pH7，滤除生成的硫酸钡沉淀（可用滑石粉助滤）。滤液在水浴中浓缩至1～2mL，供纸色谱点样用。

支持剂：色谱滤纸（中速、20cm×7cm）。

样　品：水解浓缩液。

对照品：a. 葡萄糖标准品水溶液；b. 鼠李糖标准品水溶液。

展开剂：正丁醇：冰醋酸：水（4：1：5上层）。

显　色：a. 喷苯胺-邻苯二甲酸试剂，于105℃加热10min，显棕色或棕红色斑点； b.喷氨性硝酸银试剂，于100℃左右加热，呈棕褐色斑点。

五、注意事项

1. 本实验采用碱溶酸沉法从槐米中提取芸香苷，收率稳定，且操作简便。在提取前应注意将槐米略捣碎，使芸香苷易于被热水溶出。槐花中含有大量黏液质，加入石灰乳使生成钙盐沉淀除去。pH应严格控制在8～9，不得超过10。因为在强碱条件下煮沸，时间稍长可促使芸香苷水解破坏，使提取率明显下降。酸沉一步 pH 为 2~3，不宜过低，否则会使芸香苷形成盐溶于水，降低收率。

2. 提取过程中加入硼砂水既能调节碱性水溶液的 pH，又能保护芸香苷分子中的邻二酚羟基不被氧化，亦保护邻二酚羟基不与钙离子络合，使芸香苷不受损失。

3. 芸香苷的提取方法除了用碱溶酸沉法外，还可利用芸香苷在冷水及沸水中的溶解度不同，采用沸水提取法。有研究将生产工艺改进为 95%乙醇回流提取后回收醇得浸膏，然后将粗浸膏经除去脂溶性杂质后，用水洗净，过滤，干燥即得芸香苷，可提高收率，并降低成本。因此可根据不同原料采用不同方法提取。

4. 槲皮素用乙醇重结晶时，如所用的乙醇浓度过高（90%以上），一般不易析出结晶。此时可于乙醇溶液中滴加适量蒸馏水，使呈微浊状态，静置，槲皮素即可析出。

六、思考题

1. 本实验提取过程中应注意哪些问题？
2. 根据芸香苷的性质还可采用何种方法进行提取？简要说明理由。

第六章 中试实训

制药工业是国民经济和社会发展的重要产业。党的二十大报告提到：推进健康中国建设，把保障人民健康放在优先发展的战略位置……促进中医药传承创新发展。

推动中药产业发展是保障人民健康的重要发展战略和手段。中药工业生产必将在过程控制和质量可追溯的方向发展，中药提取技术必须以质量、稳定和可控制为基础。

制药工程中试实训是影响制药工程专业教学效果的重要环节，需突出本专业特点，贴近生产实际，把制造技术、质量观念、市场需求、生产安全与法律规范等内容联系起来。现代化实验不仅包括信息化的管理和网上教学为主的教育资源和新型教育形式，还包括依靠实验室物联网管理系统，结合 PLC 控制技术，将可视化内容实物化，虚实结合，真正实现上手操作。

实验一 银杏叶提取物的制备及含量测定

一、实验目的

1. 掌握溶剂法提取银杏叶中黄酮类化合物的原理。
2. 熟悉中药生产过程中的控制手段。
3. 了解多功能提取罐的原理，掌握工艺过程及其操作注意事项。
4. 了解双效浓缩器的原理，掌握工艺过程及其操作注意事项。
5. 了解真空干燥箱的原理，掌握工艺过程及其操作注意事项。
6. 了解粉碎机的原理，掌握工艺过程及其操作注意事项。

二、实验原理

1. 实训单元操作

（1）提取 本实验配备的 TQ 系列提取罐适用于中药、植物、动物、食品、化工等行业的常压、水煎、温浸、热回流、强制循环、渗漉、芳香油提取及有机溶剂回收等工艺操作，特别是使用动态提取或逆流提取效果更佳，时间短，药液含量高。本设备的整个提取过程是在密闭可循环系统内完成，通常在常压状态下提取，也可负压提取，满足水提、醇提、提油等各种用途。

① 水提。先将水和中药材按工艺要求比例加入提取罐内，同时在提取罐夹套内加入适量热溶剂（水或导热油），打开加热电源对提取罐加热，根据提取工艺设定提取温度使罐内维持沸腾，打开冷却水，使蒸发气体冷却后回流到提取罐内；从料液沸腾开始计时到提取工艺要求时间，关闭加热电源、冷却水并出料；按工艺要求提取次数重复上述操作；完成后排渣并对罐体进行清洗。

② 醇提。先将乙醇和中药材按工艺要求比例加入提取罐内，同时在提取罐夹套内加入适量热溶剂（水或导热油），打开加热电源对提取罐加热，根据提取工艺设定提取温度使罐内维持沸腾，打开冷却水，使蒸发气体冷却后回流到提取罐内；为了提高效率，可用泵强制循环，使药液从罐底部通过泵吸出再从罐上部回流口回至罐内；从料液沸腾开始计时到提取工艺要求时间，关闭加热电源、冷却水并出料；按工艺要求提取次数重复上述操作；完成后打开加热电源及冷却水，对药渣进行加热，回收部分溶剂后再排渣，并对罐体进行清洗。

（2）双效浓缩 本实验配备的SJN2-200型双效浓缩器适用于中药、西药、淀粉、食品、化工、轻工等液体物料的浓缩，能满足热敏性中药、西药及热敏性食品物料的要求。

一次蒸汽进入一效加热室将料液加热，同时在真空的作用下，从喷管喷入一效蒸发室，料液从循环管回到加热室，再次受热又喷入蒸发室形成循环，料液喷入蒸发室时成雾状，水分迅速被蒸发，蒸发出来的二次蒸汽进入二效加热室给二效料液加热，形成第二个循环。二效蒸发室蒸发出来的蒸汽进入冷却器，用自来水冷却成冷凝水，流入受水器排掉，料液里的水不断被蒸发掉，浓度得到提高，直到达到所需要的密度。

（3）干燥 本实验配备的DZF系列真空干燥箱广泛应用于生物化学、化工制药、医疗卫生、农业科研、环境保护等领域，作粉末干燥、烘焙以及各类玻璃容器的消毒和灭菌用。干燥过程在真空的环境下进行，降低了待去除液体的沸点，能有效降低干燥温度，缩短干燥时间，特别适用于对热敏性、易分解、易氧化物质和复杂成分物品进行快速高效的干燥处理。

（4）粉碎 本实验配备的JG系列浸膏专用粉碎机适用于化工、制药、食品等行业的物料粉碎。该机利用活动齿盘和固定齿盘间的相对运动，使物料经冲击、摩擦及物料彼此间冲击而获得粉碎，粉碎好的物料经旋转离心力的作用，通过筛网从出料口排出，粉碎细度可通过更换筛网来调节。

2. 银杏叶提取工艺生产实训虚拟仿真

（1）产品技术 数据库采用MySQL；服务端采用JDK1.8；客户端采用C#和UNITY3D开发。

（2）产品设计依据 《药品生产质量管理规范（2010年修订）》、《建筑设计防火规范（2018年版）》（GB 50016—2014）、《生产过程安全卫生要求总则》（GB/T 12801—2008）、《洁净厂房设计规范》（GB 50073—2013）、《医药工业洁净厂房设计标准》（GB 50457—2019）。

（3）仿真过程 以银杏叶提取的生产流程为主线，通过完整的生产流程，详细的岗位操作实训，让学生完整地了解和熟悉药品生产过程中的生产质量管理体系和新版GMP中对于人流、物流和工器具流的规范要求。操作时能够三维动态直接展示设备进料状态、管道内物料流转状态、PLC控制设备运转状态、阀门开合管道介质流向状态等。

三、实验材料与仪器设备

1. 实验材料

银杏叶，水，芦丁，甲醇，磷酸等。

2. 仪器与设备

TQ-200型提取罐，SJN2-200型双效浓缩器，DZF-6090型真空干燥箱，JG-30型浸膏专用粉碎机等。

四、主要技术参数

1. 多功能提取罐

参数	型号：TQ-200	
	容器	夹套
设计压力/MPa	常压	0.15
设计温度/℃	105	110
工作压力/MPa	常压	0.1
工作温度/℃	≤100	105
加热面积/m²	1.25	
投料门直径/mm	200	
出渣口直径/mm	300	
有效容积/L	200	
冷凝面积/m²	3	
电加热功率/kW	12	
容器类别	常压	

2. 双效浓缩器

参数		设备名称：SJN2-200
蒸发能力/(kg/h)		200
蒸汽压力/MPa		<0.1
蒸发温度/℃	一效	80
	二效	60
真空度/MPa	一效	0.05
	二效	0.08
浓缩相对密度		1.2~1.25
加热面积/m²		2.75×2
冷凝面积/m²		3.5
蒸汽消耗量/(kg/h)		135
循环水消耗量/(t/h)		4
外形尺寸(长×宽×高)/mm		3650×750×2120

3. 真空干燥箱

型号	电压/V	功率/kW	温度范围/℃	温度波动/℃	真空度/Pa	工作室尺寸（长×宽×高）/mm	工作室材料
DZF-6090	220	1.4	rt+10~200	±1%	<133	450×450×450	不锈钢

4. 粉碎机

型号	生产能力/(kg/h)	主轴转速/(r/min)	进料粒度/mm	粉碎细度/目	电机功率/kW	外形尺寸（长×宽×高）/mm
JG-30	80~150	3800	≤6	20~120	7.5	600×650×1250

五、实验内容

（一）提取

1. 操作前准备

（1）检查确认提取罐已清洗待用。

（2）检查确认出渣门锁勾安全锁紧；溶剂储罐放空阀开启（常开）；油水分离器放空阀开启（常开）；蒸馏水回流阀开启（常开）；提取罐罐底出液阀开启（常开）；其他所有阀门（排污阀、提取液储罐底阀等）关闭。

（3）检查确认设备电气、仪表正常，检查供水、供电、供气正常。

（4）打开总控制柜电源，打开提取罐视灯开关，将提取工段所有泵开关调至自动；打开现场控制柜电源。

（5）打开空压机电源及阀门。

2. 操作过程

（1）参数设置

① 压力上限 0.1MPa（高于上限停止加热）。

② 温度上限 95℃（高于上限停止加热）。

③ 温度下限 80℃（低于下限开始加热）。

④ 计时温度 80℃（高于等于80℃时开始计时）。

⑤ 提取时间 60min（温度高于等于计时温度的时间，即为需要提取的时间）。

（2）加料 称取银杏叶 5kg，打开提取罐加料口盖，将药材加入罐中，关闭加料口盖。

（3）加溶剂 打开提取用水管道阀门，加入水 50L，关闭阀门，浸泡约 10min。

（4）提取（见图 6-1）

① 启动加热。先在总控制柜上按下"提取罐加热管电源"键，然后在现场控制柜上打开加热开关，开始加热。温度达到约 60℃时，手动打开冷凝器循环水阀门。

② 启动内循环。打开 P1001 和 V1101，开始内循环。

③ 提取罐达到计时温度时自动提取计时。

④ 提取时间达到设定值时，系统自动停止加热。手动关闭冷凝器循环水阀门，提取

完成。

⑤ 启动出液，关闭 V1101，打开 V1001 开始出液，提取液转移至提取液储罐，转移完毕后关闭 V1001 和 P1001。

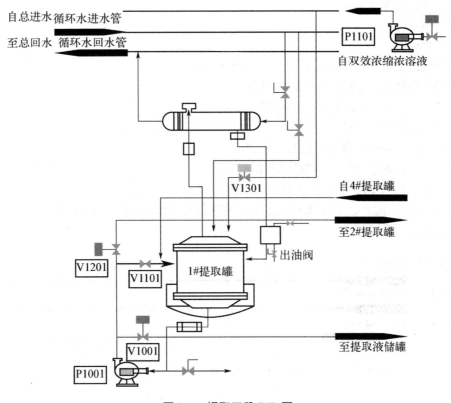

图 6-1　提取工段 PID 图

（5）再次提取　重复上述（3）、（4）步骤进行再次提取。
（6）出渣清洗
① 将提取罐冷却至约 35℃。
② 打开排渣门，放出药渣。用水冲洗罐内壁，将药渣冲洗干净，并将排渣门过滤网清洗干净。
③ 关闭排渣门，在提取罐内加入适量水，加热煮沸 15～30min 后，停止加热，排尽罐内沸水；再用水冲洗至要求标准，并排尽罐内积水。
④ 打开排渣门，自然晾干。
（7）停机　关闭相关阀门、设备和控制柜按键与旋钮，关闭总电源。
（二）双效浓缩（见图 6-2～图 6-4）
1. 操作前准备
（1）检查确认双效浓缩器已清洗待用。
（2）关闭一、二效蒸发室的手动放空阀、取样阀和排污阀等。
（3）检查确认设备电气、仪表正常，检查供水、供电、供气正常。
（4）打开总控制柜电源，打开双效浓缩器视灯开关，将双效浓缩工段所有泵开关调至自动；打开现场控制柜电源（通电后 V2201 和 V2202 阀将自动打开）。

（5）打开空压机电源及阀门。

（6）打开真空泵供水阀，启动真空泵。

（7）打开蒸汽发生器。

2. 操作过程

（1）参数设置

① 浓缩时间 2h（浓缩时间到后自动停止浓缩）。

② 提取液储罐液位下限延时进料时间 5s。

③ 一效液位下限延时停止加热时间 5min。

④ 蒸汽阀门开度 50%。

⑤ 温度上限 80℃（高于上限停止加热）。

⑥ 温度下限 60℃（低于下限开始加热）。

⑦ 压力上限 0.1MPa（高于上限停止加热）。

⑧ 真空转换上阀开、下阀闭时间 6min，下阀开、上阀闭时间 20s（开上阀集冷凝液，开下阀排冷凝液）。

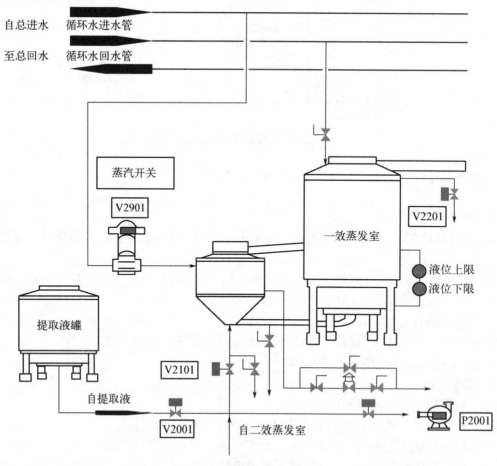

图 6-2　一效蒸发室 PID 图

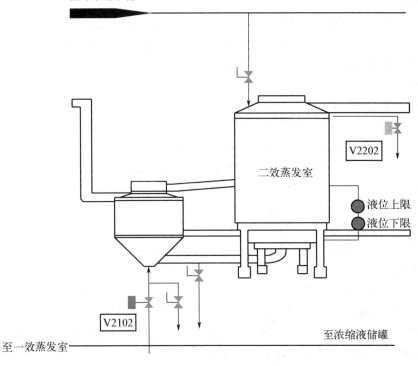

图 6-3 二效蒸发室 PID 图

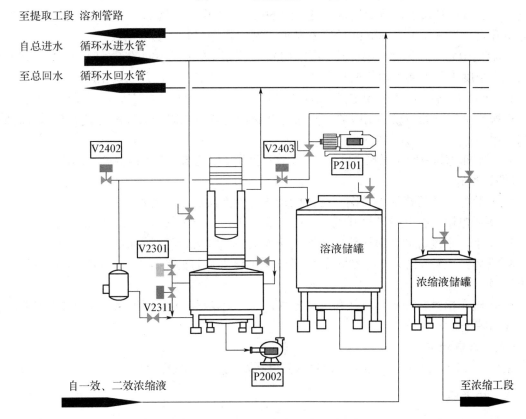

图 6-4 双效浓缩真空转换 PID 图

（2）浓缩

① 启动自动浓缩按钮。系统将自动加热，蒸发室中液体处于液位下限自动进液，处于液位上限停止进液，自动排冷凝液，浓缩时间到后自动停止浓缩，关闭真空泵 P2101。

② 温度达到约 40℃ 时，手动开启冷凝器循环水阀门。

（3）收膏

① 启动真空泵 P2101，关闭 V2201，打开 V2403，打开 V2101 和 V2102，将二效浓缩液转入一效浓缩后（一次转不完可分几次转），关闭 V2101 和 V2102。

② 打开蒸汽阀 V2901，加热浓缩。达到所需相对密度后，关闭蒸汽阀 V2901，打开 V2201，关闭 V2403，关闭 P2101，关闭冷凝器的循环水阀门。

（4）浓缩完成　打开 V2101，启动 P2001 将双效浓缩液转到浓缩液储罐，转完后关闭 P2001，关闭 V2101，关闭冷却水阀门。

（5）清洗　加水清洗。

（6）停机　关闭相关阀门、设备和控制柜按键与旋钮，关闭总电源。

（三）干燥

1. 将浓缩膏均匀装入不锈钢盘中，放入真空干燥箱内，将箱门关闭并旋紧门拉手，关闭放气阀，开启真空阀，把真空干燥箱侧面的导气管用真空橡胶管与真空泵连接，接通真空泵电源，开始抽气，当真空表指示达到需要的真空度时（表压为 $-0.08 \sim -0.1$ MPa），先关闭真空阀，再关闭真空泵，此时箱内处于真空状态。

2. 接通电源后，打开真空干燥箱电源开关，指示灯亮，表示工作正常，仪表显示工作室温度，然后将控制仪表调节到设定温度（约 60℃），工作室开始加热，控制仪表上绿灯亮表示通电升温，当仪器恒温 60min 后仪表显示温度应和设定温度基本一致。

3. 温度恒定后，开始干燥计时。不同物品、不同温度选择不同的干燥时间，如干燥时间较长，真空度下降需要再抽气恢复真空度，应先开启真空泵，再开启真空阀。

4. 干燥结束后，应先关闭电源，旋动放气阀，解除箱内真空状态后，打开箱门取出干浸膏（接触真空后胶圈与玻璃门吸紧，不易打开箱门，要过段时间，才能方便开启），敲成小块状备用。

5. 用湿布擦拭真空干燥箱内壁，直至无物料残留。用纯水清洗不锈钢盘，擦拭干净后晾干。

（四）粉碎

1. 安装好合适规格的不锈钢筛网，检查各部件无误后，关闭粉碎机门。

2. 接通电源，打开粉碎机开关，粉碎机开始工作。在出料口处放好接收容器。

3. 将小块干浸膏通过加料斗匀速加入粉碎机中，收集粉碎好的物料。

4. 粉碎结束后，先关闭粉碎机开关，断开电源，然后打开粉碎机门，清理出残余的物料，取出筛网。

5. 用湿布擦拭粉碎机加料斗和内部零件，直至无物料残留。用纯水清洗不锈钢筛网，擦拭干净后晾干。

（五）含量测定

采用高效液相色谱法，测定并计算银杏叶提取物中总黄酮苷的含量。

六、思考题

1. 多功能提取罐的工作原理是什么？使用时有哪些注意事项？

2. 双效浓缩器的工作原理是什么？使用时有哪些注意事项？
3. 真空干燥箱的工作原理是什么？使用时有哪些注意事项？
4. 粉碎机的工作原理是什么？使用时有哪些注意事项？

实验二　丹参有效成分的提取与制备

一、实验目的

1. 了解多功能提取罐的原理，掌握多功能提取罐的工艺过程及其操作注意事项。
2. 了解双效浓缩器的原理，掌握双效浓缩器的工艺过程、自动控制原理及其操作注意事项。
3. 了解真空干燥箱的原理，掌握真空干燥箱的工艺过程及其操作注意事项。
4. 了解粉碎机的原理，掌握粉碎机的工艺过程及其操作注意事项。
5. 了解包装机的原理，掌握包装机的工艺过程及其操作注意事项。

二、实验原理

1. 提取

TQ系列提取罐适用于中药、植物、动物、食品、化工等行业的常压、水煎、温浸、热回流、强制循环、渗漉、芳香油提取及有机溶剂回收等工艺操作，特别是使用动态提取或逆流提取效果更佳，时间短，药液含量高。本设备的整个提取过程是在密闭可循环系统内完成的，通常在常压状态下提取，也可负压提取，满足水提、醇提、油提等各种用途。

（1）水提　先将水和中药材按工艺要求的比例加入提取罐内，同时在提取罐夹套内加入适量热溶剂（水或导热油），打开加热电源对提取罐加热，根据提取工艺设定提取温度使罐内维持沸腾，打开冷却水，使蒸发气体冷却后回流到提取罐内；从料液沸腾开始计时到提取工艺要求时间，关闭加热电源、冷却水并出料；按工艺要求提取次数重复上述操作；完成后排渣并对罐体进行清洗。

（2）醇提　先将乙醇和中药材按工艺要求比例加入提取罐内，同时在提取罐夹套内加入适量热溶剂（水或导热油），打开加热电源对提取罐加热，根据提取工艺设定提取温度使罐内维持沸腾，打开冷却水，使蒸发气体冷却后回流到提取罐内；为了提高效率，可用泵强制循环，使药液从罐底部通过泵吸出再在罐上部回流口回至罐内；从料液沸腾开始计时到提取工艺要求时间，关闭加热电源、冷却水并出料；按工艺要求提取次数重复上述操作；完成后打开加热电源及冷却水，对药渣进行加热，回收部分溶剂后再排渣，并对罐体进行清洗。

2. 浓缩

SJN2-200型双效浓缩器适用于医药、食品、化工等液体物料的浓缩，能满足热敏性物料的要求。

一次蒸汽进入一效加热室将料液加热，同时在真空的作用下，从喷管喷入一效蒸发室，料液从循环管回到加热室，再次受热又喷入蒸发室形成循环，料液喷入蒸发室时成雾状，水分迅速被蒸发，蒸发出来的二次蒸汽进入二效加热室给二效料液加热，形成第二个循环。二效蒸发室蒸发出来的蒸汽进入冷却器，用自来水冷却成冷凝水，流入受水器排掉，料液里的水不断被蒸发掉，浓度得到提高，直到所需要的密度。

3. 干燥

DZF 系列真空干燥箱广泛应用于生物化学、化工制药、医疗卫生、农业科研、环境保护等研究应用领域，作粉末干燥、烘焙以及各类玻璃容器的消毒和灭菌用。干燥过程在真空的环境下进行，降低了待去除液体的沸点，能有效降低干燥温度，缩短干燥时间，特别适用于对热敏性、易分解、易氧化物质和复杂成分物品进行快速高效的干燥处理。

4. 粉碎

JG 系列浸膏专用粉碎机适用于化工、制药、食品等行业的物料粉碎。该机利用活动齿盘和固定齿盘间的相对运动，使物料经冲击、摩擦及物料彼此间冲击而获得粉碎，粉碎好的物料经旋转离心力的作用，通过筛网从出料口排出，粉碎细度可通过更换筛网来决定。

5. 包装

DXD-F80C 型全自动包装机广泛应用于制药、食品、日化等行业，适用于具有一定流动性、较松散、不同细度物料的连续自动包装，如药物颗粒或粉末、面粉、调料粉、奶粉、营养食品、洗涤用品等。具有自动完成制袋、计量、充填、封合、切断、计数、打印批号等功能，设备操作简单，调节方便，性能稳定，计量准确，自动化程度高，并且容易清洁。

丹参的干燥根和根茎在我国通常被称为丹参，作为广泛使用的传统中药有着近 2000 年悠久历史，具有活血化瘀、通经止痛、清心除烦等功效。丹参的化学成分主要为水溶性的酚酸类以及脂溶性的丹参酮类化合物，具有抗炎、抗氧化、抗动脉粥样硬化、抗肿瘤、抗纤维化、糖尿病肾病保护等药理作用。

三、实验材料与仪器设备

1. 实验材料

丹参饮片，水等。

2. 仪器与设备

TQ-200 型提取罐，SJN2-200 型双效浓缩器，DZF-6090 型真空干燥箱，JG-30 型浸膏专用粉碎机，DCK-240-2 型全自动包装机等。

四、主要技术参数

1. 多功能提取罐

参数	型号：TQ-200	
	容器	夹套
设计压力/MPa	常压	0.15
设计温度/℃	105	110
工作压力/MPa	常压	0.1
工作温度/℃	≤100	105
加热面积/m²	1.25	
投料门直径/mm	200	
出渣口直径/mm	300	
有效容积/L	200	
冷凝面积/m²	3	
电加热功率/kW	12	
容器类别	常压	

2. 双效浓缩器

参数		设备名称:SJN2-200
蒸发能力/(kg/h)		200
蒸汽压力/MPa		<0.1
蒸发温度/℃	一效	80
	二效	60
真空度/MPa	一效	0.05
	二效	0.08
浓缩相对密度		1.2～1.25
加热面积/m²		2.75×2
冷凝面积/m²		3.5
蒸汽消耗量/(kg/h)		135
循环水消耗量/(t/h)		4
外型尺寸（长×宽×高）/mm		3650×750×2120

3. 真空干燥箱

型号	电压/V	功率/kW	温度范围/℃	温度波动度	真空度/Pa	工作室尺寸（长×宽×高）/mm	工作室材料
DZF-6090	220	1.4	rt+10～200	±1%	<133	450×450×450	不锈钢

4. 粉碎机

型号	生产能力/(kg/h)	主轴转速/(r/min)	进料粒度/mm	粉碎细度/目	电机功率/kW	重量/kg	外形尺寸（长×宽×高）/mm
JG-30	80～150	3800	≤6	20～120	7.5	320	600×650×1250

5. 全自动包装机

型号	袋长范围/mm	袋宽范围/mm	填充容量/mL	包装速度/（次/min）	包材宽度/mm	包材外径/mm	包材芯径/mm	总功率/kW	机器尺寸（长×宽×高）/mm
DXD-F80C	50～120	50～80	1～50	30～60	16	300	Φ75	1	1100×800×1600

五、实验内容

（一）提取

称取丹参饮片 5kg，置于多功能提取罐中，加入水 50L，浸泡 30min，开启电加热夹套并设置提取罐温度为 80℃，温度达到后开始计时，提取 60min 后，停止加热，打开放空阀，将提取液移入贮罐。按照上述步骤再提取一次，并将提取液放入贮罐与第一次提取液合并。

1. 准备工作

（1）检查确认提取罐已清洗待用。

（2）检查确认出渣门锁勾安全锁紧；溶剂储罐放空阀开启（常开）；油水分离器放空阀开启（常开）；蒸馏水回流阀开启（常开）；提取罐罐底出液阀开启（常开）；其他所有阀门关闭。

（3）检查确认设备电气、仪表正常，检查供水、供电、供气正常。

（4）打开总控制柜电源，打开提取罐视灯开关，将提取工段所有泵开关调至自动；打开现场控制柜电源。

（5）打开空压机电源及阀门。

2. 生产操作（图6-1～图6-4）

（1）参数设置（以下参数均为参考值）

① 压力上限0.1MPa（高于上限停止加热）。

② 温度上限105℃（高于上限停止加热）。

③ 温度下限90℃（低于下限开始加热）。

④ 计时温度90℃（高于等于时开始计时）。

⑤ 提取时间60min（温度高于等于计时温度的时间，即需要提取的时间）。

（2）加料　打开提取罐加料门，将5kg丹参饮片投入罐内，关闭加料门。

（3）加溶剂

① 设置溶剂量：50L。

② 打开P1101和V1301，开始加溶剂，加到设定值后，系统自动关闭P1101和V1301。

（4）提取

① 启动加热开关（温度到60℃时开启冷却水手动阀门）。

② 开启内循环（使提取罐内药液强制循环流动，上下浓度和温度均匀）。打开V1101和P1001，开始内循环，不需要循环时关闭V1101和P1001。

（5）提取完成出液

① 提取时间到设定值，系统自动停止加热，关闭冷却水手动阀门，提取完成。

② 打开V1001和P1001，开始出液，提取液转移至提取液储罐，转移完毕后关闭V1001和P1001。

（6）再次提取　同上（3）～（5）操作方法。

（7）出渣清洗　设备在生产完毕或更换品种前，须进行彻底清洗。清洗时，打开排渣门，先打开CIP清洗喷头用水冲洗罐内壁，将药渣冲洗干净，并人工清洗排渣门过滤网；然后关闭排渣门，将罐内加满水，夹套加水通电加温，对提取罐煮沸15～30min后，关闭电源且排尽罐内沸水，再用纯水冲洗至要求，并排尽罐内积水即可。

（8）停机　关闭控制柜总电源，关闭空压机电源。

（二）**浓缩**

1. 准备工作

（1）检查确认双效浓缩器已清洗待用。

（2）检查确认设备电气、仪表正常，检查供水、供电、供气正常。

（3）打开总控制柜电源，打开双效浓缩器视灯开关，将浓缩器工段所有泵开关调至自动；

打开现场控制柜电源（通电后 V2201 和 V2202 阀将自动打开）。

（4）打开空压机电源及阀门。

（5）打开真空泵供水阀启动真空泵。

（6）打开蒸汽发生器。

2. 生产操作

A. 自动控制操作

（1）参数设置（以下参数均为参考值）

① 浓缩时间 2h（浓缩时间到后自动停止浓缩）。

② 提取液储罐液位下限延时进料时间 5s。

③ 一效液位下限延时停止加热时间 5min。

④ 蒸汽阀门开度 50%。

⑤ 温度上限 80℃（高于上限停止加热）。

⑥ 温度下限 60℃（低于下限开始加热）。

⑦ 压力上限 0.1MPa（高于上限停止加热）。

真空转换上阀开、下阀闭时间 6min，下阀开、上阀闭时间 20s（开上阀集冷凝液，开下阀排冷凝液）。

（2）浓缩

① 启动自动浓缩按钮，系统将自动加热，蒸发室液位下限自动进液，液位上限停止进液，自动排冷凝液，浓缩时间到后自动停止浓缩。

② 温度到 40℃时手动打开冷却水阀门。

（3）收膏　关闭 V2201，打开 V2403，打开 V2101 和 V2102，将二效浓缩液转入一效浓缩后（一次转不完可分几次转），关闭 V2101 和 V2102，打开蒸汽阀门。达到所需密度后，关闭蒸汽阀，关闭 V2403，打开 V2201，关闭冷却水阀门。

（4）浓缩完成　打开 V2101，启动 P2001，将浓缩膏转到浓缩液储罐，转完后关闭 P2001，关闭 V2101，关闭冷却水阀门。

（5）清洗　加水浓缩清洗。

（6）停机　关闭所有阀门和电源。

B. 手动操作

（1）进料

① 关闭 V2201 和 V2202，打开 V2402 和 V2403，启动 P2101。

② 打开 V2001 和 V2101 一效进液，当提取液液位升到蒸发室上限时，关闭 V2001 和 V2101，当液位低于液位下限时，打开 V2001 和 V2101 进液。

③ 打开 V2001 和 V2102 二效进液，当提取液液位升到蒸发室上限时，关闭 V2001 和 V2102，当液位低于液位下限时，打开 V2001 和 V2102 进液。

（2）浓缩

① 打开疏水阀（常开），打开蒸汽开关，根据温度和压力变化调节阀门开度。

② 温度到 40℃时打开冷却水阀门。

③ 打开真空转换开关，真空转换上阀开、下阀闭时间 6min，下阀开、上阀闭时间 20s，开上阀集冷凝液，开下阀排冷凝液。

（3）收膏　当提取液储罐没有液体时，将二效液体转入一效浓缩：关闭 V2402，打开

V2202，打开 V2101 和 V2102，将二效浓缩液转入一效浓缩后（一次转不完可分几次转），关闭 V2101 和 V2102，达到所需密度后，关闭蒸汽阀，关闭 V2403，打开 V2201，关闭冷却水阀门。

（4）浓缩完成　关闭 V2403，关闭 P2101，打开 V2201 和 V2101，启动 P2001，将浓缩膏转到浓缩液储罐，转完后关闭 P2001，关闭 V2201 和 V2101，关闭冷却水阀门。

（5）清洗　加水浓缩清洗。

（6）停机　关闭所有阀门和电源。

3. 清洗保养

（1）同品种生产，一效加热室的蒸汽压力保持在 0.09MPa 左右为正常，若蒸汽压力有显著升高时，说明膏料附在管壁形成了药垢，影响了传热，此时待关停设备排料冷却后，打开一效加热室孔盖，用圆钢刷刷除药垢即可恢复生产，一效正常情况下十天需清刷一次，二效半年清刷一次。

（2）换品种清洗。用 10%的烧碱溶液煮沸半小时后，再刷洗设备内部即可。

（3）CIP 清洗。视生产需要，设备可进行 CIP 原位清洗。在蒸发室顶部装有旋转形 CIP 喷头。清洗一效：清洗时，将进料泵接至 CIP 清洗罐（或接至自来水管），开启清洗阀门，关闭出液阀门，等清洗液至一效蒸发室下中视镜一半处时，视需要打开进气阀门加热，开启真空系统，让清洗液循环，至合适时关闭真空，打开出液阀门，排出清洗液。最后再打开进液阀门，泵入清水，将罐内冲洗干净即可。清洗二效，同上原理。

（三）干燥

1. 将浓缩膏均匀装入不锈钢盘中，放入真空干燥箱内，将箱门关闭并旋紧门拉手，关闭放气阀，开启真空阀，把真空干燥箱侧面的导气管用真空橡胶管与真空泵连接，接通真空泵电源，开始抽气，当真空表指示达到需要的真空度时（表压为 $-0.08 \sim -0.1$MPa），先关闭真空阀，再关闭真空泵，此时箱内处于真空状态。

2. 接通电源后，打开真空干燥箱电源开关，指示灯亮，表示工作正常，仪表显示工作室温度，然后将控制仪表调节到设定温度（约 60℃），工作室开始加热，控制仪表上绿灯亮表示通电升温，当仪器恒温 60min 后仪表显示温度应和设定温度基本一致。

3. 温度恒定后，开始干燥计时。不同物品、不同温度选择不同的干燥时间，如干燥时间较长，真空度下降需要再抽气恢复真空度，应先开启真空泵，再开启真空阀。

4. 干燥结束后，应先关闭电源，旋动放气阀，解除箱内真空状态后，打开箱门取出干浸膏（接触真空后胶圈与玻璃门吸紧，不易打开箱门，要过段时间，才能方便开启），敲成小块状备用。

5. 用湿布擦拭真空干燥箱内壁，直至无物料残留。用清水清洗不锈钢盘，擦拭干净后晾干。

（四）粉碎

1. 安装好合适规格的不锈钢筛网，检查各部件无误后，关闭粉碎机门。

2. 接通电源，打开粉碎机开关，粉碎机开始工作。在出料口处放好接收容器。

3. 将小块干浸膏通过加料斗匀速加入粉碎机中，收集粉碎好的物料。

4. 粉碎结束后，先关闭粉碎机开关，断开电源，然后打开粉碎机门，清理出残余的物料，取出筛网。

5. 用湿布擦拭粉碎机加料斗和内部零件，直至无物料残留。用清水清洗不锈钢筛网，擦拭干净后晾干。

（五）包装

1. 安装好料斗、成型器、热封器等部件，装入包装材料。

2. 检查各部件无误后，接通电源，按要求设定袋长、包装速度、热封温度等参数，调试性能。

3. 调试正常后，将物料加入料斗中，打开包装机开关，开始包装。

4. 包装结束后，断开电源。将料斗、螺杆、热封器等拆下，用湿布擦拭或清水清洗，直至无物料残留，擦拭干净后晾干。

（六）产物分析

取本品粉末 0.2g，加 75%甲醇 25mL，加热回流 1h，滤过，滤液浓缩至 1mL，作为供试品溶液。另取丹酚酸 B 对照品，加 75%甲醇制成每 1mL 含 2mg 的溶液，作为对照品溶液。照薄层色谱法试验，吸取上述两种溶液各 5μL，分别点于同一硅胶 GF_{254} 薄层板上，以甲苯-三氯甲烷-乙酸乙酯-甲醇-甲酸（2∶3∶4∶0.5∶2）为展开剂，展开，取出，晾干，置紫外光灯（254nm）下检视。供试品色谱中，在与对照品色谱相应的位置上，显相同颜色的斑点。

六、思考题

1. 多功能提取罐的工作原理是什么？使用时有哪些注意事项？
2. 双效浓缩器的工作原理是什么？使用时有哪些注意事项？
3. 真空干燥箱的工作原理是什么？使用时有哪些注意事项？
4. 粉碎机的工作原理是什么？使用时有哪些注意事项？
5. 包装机的工作原理是什么？使用时有哪些注意事项？
6. 简要说明本实验各步骤的目的、操作要点和注意事项。

实验三　四逆汤的制备

一、实验目的

1. 设计并完成四逆汤的制备工艺研究，初步掌握中药复方制剂制备工艺研究的基本思路。

2. 掌握正交设计法在中药复方制剂提取工艺中的应用，初步了解中药复方提取工艺研究的设计思路。

3. 了解多功能提取罐的原理，掌握多功能提取的工艺过程及操作注意事项。

二、实验原理

1. 四逆汤的功效

四逆汤属于中医方剂的温里剂，出自《伤寒论》，由三味中药组成，其功用为回阳救逆，是用以治疗少阴病的主要方剂之一，症状可见四肢厥冷，恶寒不渴，身痛腹痛，下利清谷，或反不恶寒，面赤烦躁，里寒外热，或干呕，或咽痛，脉沉微细欲绝。本方归于足少阴肾经药。本方的组成包括生附子、干姜、炙甘草。依照中医学传统的方义解释，本方中以干姜、附子大热之剂，伸发阳气，表散寒邪。甘草补中散寒，解附子之毒，又可缓姜、附辛烈之性。

2. 中药合剂

中药合剂系指药材用水或其他溶剂，采用适宜方法提取，经浓缩制成的内服液体制剂（单剂量包装者又称"口服液"）。它是在汤剂应用的基础上改进发展起来的一种新剂型。中药合剂既是常用汤剂的浓缩制品，也常按药材成分的性质，综合运用多种浸出方法，故能浸出药材中多种有效成分，临床疗效可靠。有较为固定的制备工艺及质量控制标准，且可成批生产，省去临时煎煮的麻烦。同时，由于缩小体积，浓度高，用量小，便于服用、携带和贮存。但是，中药合剂不能随症加减，因而还不能完全代替汤剂。

3. 处方组成

（1）处方　附子（制）、干姜、炙甘草。

（2）剂型　合剂。

（3）制备工艺流程　提取→纯化→浓缩→配液→分装→灭菌→成品。

4. 提取

TQ系列提取罐适用于中药、植物、动物、食品、化工等行业的常压、水煎、温浸、热回流、强制循环、渗漉、芳香油提取及有机溶媒回收等工艺操作，特别是使用动态提取或逆流提取效果更佳，时间短，药液含量高。本设备的整个提取过程是在密闭可循环系统内完成，通常在常压状态下提取，也可负压提取，满足水提、醇提、提油等各种用途。

（1）水提　先将水和中药材按工艺要求比例加入提取罐内，同时在提取罐夹套内加入适量热媒（水或导热油），打开加热电源对提取罐加热，根据提取工艺设定提取温度使罐内维持沸腾，打开冷却水，使蒸发气体冷却后回流到提取罐内；从料液沸腾开始计时到提取工艺要求时间，关闭加热电源、冷却水并出料；按工艺要求提取次数重复上述操作；完成后排渣并对罐体进行清洗。

（2）醇提　先将乙醇和中药材按工艺要求比例加入提取罐内，同时在提取罐夹套内加入适量热媒（水或导热油），打开加热电源对提取罐加热，根据提取工艺设定提取温度使罐内维持沸腾，打开冷却水，使蒸发气体冷却后回流到提取罐内；为了提高效率，可用泵强制循环，使药液从罐底部通过泵吸出再在罐上部回流口回流至罐内；从料液沸腾开始计时到提取工艺要求时间，关闭加热电源、冷却水并出料；按工艺要求提取次数重复上述操作；完成后打开加热电源及冷却水，对药渣进行加热，回收部分溶媒后再排渣，并对罐体进行清洗。

5. 双效浓缩

SJN_2-200型双效浓缩器适用于医药、食品、化工等液体物料的浓缩，能满足热敏性物料的要求。

一次蒸汽进入一效加热室将料液加热，同时在真空的作用下，从喷管喷入一效蒸发室，料液从循环管回到加热室，再次受热又喷入蒸发室形成循环，料液喷入蒸发室时成雾状，水分迅速被蒸发，蒸发出来的二次蒸汽进入二效加热室给二效料液加热，形成第二个循环。二效蒸发室蒸发出来的蒸汽进入冷却器，用自来水冷却成冷凝水，流入受水器排掉，料液里的水不断被蒸发掉，浓度得到提高，直到所需要的密度。

三、实验材料与仪器设备

1. 实验材料

附子（制），干姜，炙甘草，水，乙醇，甘草酸标准品，甲醇（色谱纯），醋酸铵，冰醋酸（分析纯）。

2. 仪器与设备

高效液相色谱仪、TQ-200 型提取罐，SJN_2-200 型双效浓缩器，DZF-6090 型真空干燥箱，JG-30 型浸膏专用粉碎机。

四、主要技术参数

1. 多功能提取罐

参数	型号：TQ-200	
	容器	夹套
设计压力/MPa	常压	0.15
设计温度/℃	105	110
工作压力/MPa	常压	0.1
工作温度/℃	≤100	105
加热面积/m²	1.25	
投料门直径/mm	200	
出渣口直径/mm	300	
有效容积/L	200	
冷凝面积/m²	3	
电加热功率/kW	12	
容器类别	常压	

2. 双效浓缩器

参数		设备名称：SJN2-200
蒸发能力/（kg/h）		200
蒸汽压力/MPa		<0.1
蒸发温度/℃	一效	80
	二效	60
真空度/MPa	一效	0.05
	二效	0.08
浓缩相对密度		1.2～1.25
加热面积/m²		2.75×2
冷凝面积/m²		3.5
蒸汽消耗量/（kg/h）		135
循环水消耗量/（t/h）		4
外形尺寸（长×宽×高）/mm		3650×750×2120

五、实验内容

（一）提取工艺条件正交实验优化

1. 正交设计

按处方比例称取三味饮片（3：2：3），按表6-1因素水平，选用表6-2的 $L_9(3^4)$ 正交表进行正交实验。以甘草酸含量（HPLC测定）为评价指标，对实验结果进行方差分析，优选最佳水提工艺条件。

表6-1 因素水平表

水平\因素	料液比 A	提取时间/min B	提取次数 C
1	1：8	20	1
2	1：12	40	2
3	1：15	60	3

表6-2 $L_9(3^4)$ 正交表

序号	A	B	C	甘草酸含量/mg
1	1	1	1	
2	1	2	2	
3	1	3	3	
4	2	1	2	
5	2	2	3	
6	2	3	1	
7	3	1	3	
8	3	2	1	
9	3	3	2	

2. 甘草酸含量测定

（1）色谱条件 以十八烷基硅烷键合硅胶为填充剂；以甲醇-0.2mol/L醋酸铵溶液-冰醋酸（67：33：1）为流动相；检测波长为250nm。理论塔板数按甘草酸峰计算应不低于2000。

（2）对照品溶液的配制 取甘草酸单铵盐对照品约10mg，精密称定，置25mL容量瓶中，用流动相溶解并稀释至刻度，摇匀，即得（每1mL含甘草酸单铵盐对照品0.4mg，折合甘草酸为0.3918mg）。

（3）供试品溶液的制备 精密量取水提液适量，置50mL容量瓶中，加流动相稀释至刻度摇匀，滤过，即得。

（4）测定法 分别精密吸取对照品溶液与供试品溶液各10μL，注入液相色谱仪，测定，即得。

（二）工艺优化放大验证试验

1. 提取

称取三味饮片（3：2：3）共5kg，置于多功能提取器中，按照工艺优化试验所得的提取条件进行提取，到达规定提取时间后停止加热，打开放空阀，将煎煮液移入贮罐。按照上述步骤再煎煮一次，并将煎煮液放入贮罐与第一次煎煮液合并。

2. 清洗

打开排渣门，先用水冲洗罐内壁，将药渣冲洗干净，并人工清洗排渣门过滤网；然后关闭排渣门，将罐内加满水，夹套加水通电加温，对提取罐煮沸 15~30min 后，关闭电源且排尽罐内沸水，再用水冲洗至要求，并排尽罐内积水即可。

3. 双效浓缩（见图 6-2~图 6-4）

（1）进料

① 关闭 V2201 和 V2202，打开 V2402 和 V2403，启动 P2101。

② 打开 V2001 和 V2101 一效进液，当提取液液位升到蒸发室上限时，关闭 V2001 和 V2101，当提取液液位低于蒸发室液位下限时，打开 V2001 和 V2101 进液。

③ 打开 V2001 和 V2102 二效进液，当提取液液位升到蒸发室上限时，关闭 V2001 和 V2102，当提取液液位低于蒸发室液位下限时，打开 V2001 和 V2102 进液。

（2）浓缩

① 打开疏水阀（常开），打开蒸汽开关，根据温度和压力变化调节阀门开度。

② 温度到 40℃时打开冷却水阀门。

③ 打开真空转换开关，真空转换上阀开、下阀闭时间 6min，下阀开、上阀闭时间 20s，开上阀集冷凝液，开下阀排冷凝液。

（3）收膏 当提取液储罐没有液体时，将二效液体转入一效浓缩：关闭 V2402，打开 V2202，打开 V2101 和 V2102，将二效浓缩液转入一效浓缩后（一次转不完可分几次转），关闭 V2101 和 V2102，达到所需密度后，关闭蒸汽阀，关闭 V2403，打开 V2201，关闭冷却水阀门。

（4）浓缩完成 关闭 V2403，关闭 P2101，打开 V2201 和 2101，启动 P2001 将浓缩膏转到浓缩液储罐，转完后关闭 P2001，关闭 V2201 和 V2101，关闭冷却水阀门。

（5）清洗 加水浓缩清洗。

（三）四逆汤合剂的相对密度测定

取洁净、干燥并精密称定重量的比重瓶，装满供试品（温度应低于20℃或各品种项下规定的温度）后，插入中心有毛细孔的瓶塞，用滤纸将从塞孔溢出的液体擦干，置20℃（或各品种项下规定的温度）恒温水浴中，放置若干分钟，随着供试液温度的上升，过多的液体将不断从塞孔溢出，随用滤纸将瓶塞顶端擦干，待液体不再由塞孔溢出，迅即将比重瓶自水浴中取出，再用滤纸将比重瓶的外表擦净，精密称定，减去比重瓶的重（质）量，求得供试品的重（质）量后，将供试品倾去，洗净比重瓶，装满新沸过的冷水，再照上法测得同一温度时水的重量，按下式计算，即得供试品的相对密度。

$$供试品的相对密度 = \frac{供试品的重量}{水的重量}$$

六、思考题

1. 多功能提取罐的工作原理是什么？使用时有哪些注意事项？
2. 双效浓缩器的工作原理是什么？使用时有哪些注意事项？
3. 简要说明本实验各步骤的目的、操作要点和注意事项。
4. 简述正交试验法的优缺点。

实验四　银杏叶片的制备

一、实验目的

1. 掌握湿法制粒的工艺过程。
2. 熟悉中药片剂生产过程中的质量控制手段。
3. 了解湿法制粒机的原理,掌握工艺过程及其操作注意事项。
4. 了解快速整粒机的原理,掌握工艺过程及其操作注意事项。
5. 了解旋转式压片机的原理,掌握工艺过程及其操作注意事项。
6. 了解铝塑包装机的原理,掌握工艺过程及其操作注意事项。

二、实验原理

银杏叶是植物银杏的干燥叶,秋季叶尚绿时采收,及时干燥即得,具有活血化瘀、通络止痛、敛肺平喘等功效。银杏叶提取物含有丰富的银杏黄酮、银杏酸、银杏内酯等成分,是最常用的银杏叶制剂原料,在各功效方面均优于单独使用银杏黄酮或银杏内酯。《中国药典》2020年版中提到的以银杏叶提取物作为主药的制剂有银杏叶片、银杏叶口服液、银杏叶胶囊、银杏叶滴丸等多种,主要用于心脑血管疾病的临床治疗。

固体制剂GMP生产实训虚拟仿真软件,数据库采用MySQL、服务端采用JDK1.8、客户端采用C#和UNITY3D开发,以固体制剂生产流程为主线,通过完整的生产流程,详细的岗位操作实训,完整介绍了药品生产过程中的生产质量管理体系和GMP中对于人流、物流和工器具流的规范要求。

银杏叶片的制备采用湿法制粒的经典工艺,依托实验室实训车间及固体制剂GMP生产实训虚拟仿真软件开展,具体的单元操作过程包括原辅料预处理、湿法制粒、干燥、整粒、总混、压片、包衣、包装、质检等。

三、实验材料与仪器设备

1. 实验材料

银杏叶提取物、淀粉、硬脂酸镁等。

2. 仪器与设备

药筛、电子天平、G6湿法制粒机、KZL-80快速整粒机、CT-C-0热循环烘箱、SBH-50三维混合机、ZPW-9旋转式压片机、LabcoatingⅡ型高效包衣机、DPB-140E铝塑包装机等。

四、主要技术参数

1. 湿法制粒机

型号	锅体容积/L	产能/(kg/批)	搅拌桨转速/(r/min)	剪切桨转速/(r/min)	电源	总功率/kW	外形尺寸（长×宽×高）/mm
G6	0.5、1、3	0.05～1.5	60～480	60～3000	380V/50Hz 单相三线	2.5	1200×550×1100

2. 快速整粒机

型号	生产能力/(kg/h)	筛孔直径/mm	功率/kW	转速/(r/min)	外形尺寸（长×宽×高）/mm	重量/kg
KZL-80	50～100	可调	0.75	变频调速	650×450×1000	45

3. 热循环烘箱

技术参数	每次干燥量/kg	配用功率/kW	耗用蒸汽/(kg/h)	散热面积/m²	风量/(m³/h)	上下温差/℃	配用烘盘	外形尺寸（长×宽×高）/mm
CT-C-0	25	0.45	5	5	3450	±2	16	1130×1100×1750

4. 三维混合机

型号	料筒容积/L	最大装料容积/L	最大装料量/kg	主轴转速/(r/min)	电机功率/kW	外形尺寸（长×宽×高）/mm	整机重量/kg
SBH-50	50	40	20	8-15	1.1	1000×1400×1200	300

5. 旋转式压片机

型号	冲模数/副	压片压力/kN	压片直径/mm	填充深度/mm	片剂厚度/mm	转盘转速/(r/min)	生产能力/(片/h)	电动机功率/kW	外形尺寸（长×宽×高）/mm
ZPW-9	9	80	23	15	6	0～30	16200	2.2	820×650×1550

6. 高效包衣机

型号	产能/(kg/批)	锅体规格/mm	主机电机/kW	排风机转速/(r/min)	加热功率/kW	气源压力/MPa	耗气量/(m³/min)	外形尺寸（长×宽×高）/mm
Labcoating II 型	0.2～5	ϕ215、ϕ265、ϕ300	0.75	3000	7	0.6	0.6	855×1150×1730

7. 铝塑包装机

型号	冲裁次数/(次/min)	生产能力/(板/h)	最大成形面积及深度/mm	标准行程范围/mm	标准版块/mm	空气压力/MPa	电源总功率/kW	主电机功率/kW	PVC硬片/mm	PTP铝箔/mm	外形尺寸（长×宽×高）/mm
DPB-140E	15～40（硬铝10～20）	4800	130×110×26	20～110	80×57	0.6～0.8	5.2	1.5	0.15～0.5×140	0.02～0.035×140	2300×650×1615

五、实验内容

1. 银杏叶片的制备

（1）处方

银杏叶提取物	40g
淀粉	70g
微晶纤维素	30g
羧甲基淀粉钠	6.37g
硬脂酸镁	0.3%
制成	500 片

（2）制法　银杏叶提取物、淀粉、微晶纤维素混合均匀，同时内加 2.25%羧甲基淀粉钠，用 40%乙醇润湿制粒，过 16 目筛制成颗粒，湿颗粒于 40～60℃快速干燥，过 16 目筛整粒，加 2.25%羧甲基淀粉钠作外加崩解剂，加硬脂酸镁 0.3%（占总颗粒重）作润滑剂，总混后压片。

2. 单元操作

（1）物料前处理　将原、辅料进行粉碎、过筛、称重，将称重好的物料装入容器中待用，器外贴标签，注明名称、批次、日期、操作者姓名等。分别对粉碎、过筛后的原、辅料计算收率。

$$原（辅）料收率 = \frac{粉碎过筛后重量}{粉碎过筛前重量} \times 100\%$$

检查各称重衡器，核对粉碎工序送来的原、辅料名称、批号等。根据处方对物料进行称重。

（2）制粒　制粒是指原、辅料经过加工，制成具有一定形状和大小粒状物的操作。将 40%乙醇加入药物混合粉末中，制软材，过 16 目筛，依靠黏合剂的架桥或黏结作用使粉末聚结在一起而制备颗粒。

（3）干燥　干燥是利用热能或其他适宜的方法去除湿物料中的溶剂从而获得干燥固体产品的操作过程。干燥的温度应根据药物的性质而定。干燥时也应控制合适的温度，以免颗粒表面变干结成一层硬膜而影响内部水分的蒸发，一般以 50～60℃为宜。

干基含水量 x 是以湿物料中绝干物料为基准表示的质量分数，即：

$$x = \frac{湿物料中水分的质量}{湿物料中绝干物料质量} \times 100\%$$

（4）整粒及总混　整粒是颗粒干燥后应给予适当的整理，使结块、粘连的颗粒散开，得到大小均一的颗粒。一般通过过筛的方法整粒。整粒工序可采用与制粒过程一致或者稍细的筛网进行。

$$制粒收率 = \frac{实际收粒量}{理论收粒量} \times 100\%$$

整粒完成后，向颗粒中加入润滑剂、外加崩解剂等辅料，进行总混。

（5）压片　本实验采用旋转式压片机进行压片操作。选择 9mm 冲模，根据片重调节下冲深度，调节上冲高度，获得适应压片压力，并进行压片操作。

（6）包衣　取制药用水在搅拌状态下缓慢、连续加入彩色包衣粉（欧巴代），使成15%溶液。加入完毕后开始计时，继续搅拌45min。包衣液不应有结块，必要时过100目筛，滤除块状物，待包衣液混合均匀后即可使用。

取素片置高效包衣锅中，吹热风使素片升温到40～60℃，调节气压，使喷枪喷出雾状液滴，调节蠕动泵输液速度，可开启包衣锅转动。持续喷入包衣液直至片表面色泽均匀一致，停止喷液，根据片粘连程度决定是否继续转动包衣锅。包衣完毕后，取出片剂，60℃干燥，称重，计算包衣增重，与素片的各项质量检查结果进行比较。

（7）清场　清场收尾，按各设备SOP清洗进行清洗，完成清场工作。

3. 银杏叶片质量检查

依照药典银杏叶片及片剂通则项下的有关规定，检测如下项目。

（1）硬度　采用硬度计测定硬度，普通片一般能承受30～40N的压力即认为硬度合格，包衣片需要略大的硬度，一般应大于50N。

（2）崩解时限　除另有规定外，照崩解时限检查法（通则0921）检查，应符合规定。

（3）脆碎　照脆碎度检查法（通则0923）检查，应符合规定。

（4）重量差异　照下述方法检查，应符合规定。

取供试品20片，精密称定总重量，求得平均片重后，再分别精密称定每片的重量，每片重量与平均片重比较（凡无含量测定的片剂或有标示片重的中药片剂，每片重量应与标示片重比较），按表中的规定，超出重量差异限度的不得多于2片，并不得有1片超出限度1倍。

（5）含量　照高效液相色谱法（通则0512）测定并计算银杏叶片中总黄酮苷的含量，每片不少于19.2mg。

① 色谱条件。流动相：甲醇-0.4%磷酸水溶液=50∶50；流速：1mL/min；柱温：40℃；进样量：10μL；波长：360nm；色谱柱：C_{18}柱。理论板数按槲皮素峰计算应不低于2500。

② 对照品溶液的制备。取槲皮素对照品、山柰酚对照品、异鼠李素对照品适量。精密称定，加甲醇制成每1mL含槲皮素30μg、山柰酚30μg、异鼠李素20μg的混合溶液，即得。

③ 供试品溶液。取银杏叶片10片，去除包衣，精密称定，研细，取约相当于总黄酮醇苷9.6mg的细粉，精密称定，加甲醇-25%盐酸溶液（4∶1）混合溶液25mL，置于水浴中加热回流30min，迅速冷却至室温，转移至50mL容量瓶中，用甲醇稀释至刻度，摇匀滤过，取续滤液，即得。

④ 测定法。分别精密吸取对照品溶液与供试品溶液10μL，注入液相色谱仪中，测定，分别计算槲皮素、山柰酚和异鼠李素的含量，按下式换算成总黄酮醇苷的含量。

总黄酮醇苷含量=（槲皮素含量+山柰酚含量+异鼠李素含量）×2.51

六、注意事项

1. 环境验证、水验证需在仿真平台上完成。空气净化系统的验证，包括或不限于：洁净房间悬浮粒子的检测、房间温湿度与压差的检测、房间浮游菌的检测、房间沉降菌的检测。工艺用水系统验证，包括或不限于：酸碱度、培养基的制备、计数性培养基适用性检查、微生物限度、不挥发物、电导率等检测。

2. 银杏叶提取物为中药浸提物，易吸水结块，且黏性较大，不需用黏合剂制粒，因此选用40%乙醇润湿。

七、实验结果与讨论

1. 绘制银杏叶生产工艺流程图。
2. 填写实验室片剂制造记录表 4-4。
3. 记录实验条件、过程、各试剂用量及可观察到的现象，填写工艺参数表 4-5。
4. 将实验结果填写到片剂生产工艺卡（表 4-6）。
5. 完成物料衡算。
6. 计算银杏叶片中总黄酮醇苷含量。

八、思考题

1. 中药片剂生产中需要注意什么？与化学药物相比有哪些差别？
2. 银杏叶提取物的制剂都有哪些品类？

实验五　感冒退热颗粒的制备

一、实验目的

1. 掌握颗粒剂的制备方法。
2. 熟悉颗粒剂的质量检查内容。
3. 了解湿法制粒机的原理，掌握工艺过程及其操作注意事项。
4. 了解快速整粒机的原理，掌握工艺过程及其操作注意事项。
5. 了解颗粒包装机的原理，掌握工艺过程及其操作注意事项。

二、实验原理

通过实验室小试研究，已经确定了生产工艺路线、单元操作、工艺参数等。在中试试验阶段，主要检验工艺的工业化可行性，以产品的质量控制为核心，主要针对单元操作及其参数控制进行测试，并进行合理的调整和优化。中成药颗粒制备工艺重点关注湿法制粒混合时间、颗粒的干燥时间等因素。

感冒退热颗粒是感冒常用中成药，成方包括大青叶、板蓝根、连翘、拳参等，主要是起清热解毒、疏风解表等作用。其中君药为连翘，其活性成分连翘苷具有较强的抗菌、抗病毒、抗炎、解热等作用，连翘苷含量直接影响到颗粒的质量。

本实验为中试实训，采用水提-湿法制粒制备感冒退热颗粒剂，并进行质量检查。

三、实验材料与仪器设备

1. 实验材料

大青叶、板蓝根、连翘、拳参、糊精、蔗糖等。

2. 仪器与设备

药筛、电子天平、双层玻璃反应釜 5L、旋转蒸发仪 10L、G6 湿法制粒机、KZL-80 快速整粒机、CT-C-0 热循环烘箱、DCK-240-2 颗粒包装机，等。

四、主要技术参数

1. 中试反应釜

型号	玻璃材质	反应瓶容积/L	釜盖瓶口数/口	夹层容量/L	釜体反应温度/℃	真空度/MPa	搅拌转速/(r/min)	搅拌轴径/mm	搅拌功率/W	电压/频率	外形尺寸（长×宽×高）/mm
YSF-5L	GG-17	5	5	0.8	−80～250	0.098	0～650	8	90	220V/50Hz	350×410×1250

2. 旋转蒸发仪

型号	旋转瓶容积/L	收集瓶容积/L	蒸发能力/(L/h)	旋转功率/W	旋转速度/(r/min)	浴锅加热功率/kW	浴锅控温范围/℃	真空度/MPa	总功率/kW	外形尺寸（长×宽×高）/mm
R-1010Ex	10 φ95法兰口	5 φ50法兰口	水3.2，乙醇8.6	90	0～120	3	rt～99	−0.098	3.6	1050×580×1950

3. 湿法制粒机

型号	锅体容积/L	产能/(kg/批)	搅拌桨转速/(r/min)	剪切桨转速/(r/min)	电源	总功率/kW	外形尺寸（长×宽×高）/mm
G6	0.5、1、3	0.05～1.5	60～480	60～3000	380V/50Hz 单相三线	2.5	1200×550×1100

4. 快速整粒机

型号	生产能力/(kg/h)	滤孔直径/mm	功率/kW	转速/(r/min)	外形尺寸（长×宽×高）/mm	重量/kg
KZL-80	50～100	0.85	0.75	变频调速	650×450×1000	45

5. 热循环烘箱

技术参数	每次干燥量/kg	配用功率/kW	耗用蒸汽/(kg/h)	散热面积/m²	风量/(m³/h)	上下温差/℃	配用烘盘	外形尺寸（长×宽×高）/mm
CT-C-0	25	0.45	5	5	3450	±2	16	1130×1100×1750

6. 颗粒包装机

型号	袋长范围/mm	袋宽范围/mm	填充容量/mL	包装速度/(次/min)	包材宽度/mm	包材外径/mm	包材芯径/mm	总功率/kW	外形尺寸（长×宽×高）/mm
DCK-240-2	30～70	10～120	7.5～100	40～60	40～240	300	Φ75	1.8	625×730×1780

第六章 中试实训

五、实验内容

1. 颗粒剂的制备
（1）处方

大青叶	125g
板蓝根	125g
连翘	62.5g
拳参	62.5g
制成	约100份

（2）制法　中药颗粒剂的制法一般分为煎煮、浓缩、制粒、干燥和包装几个步骤。

① 煎煮。将处方中的四味药，按处方量称取，置提取釜中，加水煎汁。第一煎加水量为生药的10倍，待沸后，保持微沸状态1h；第二煎加水量为生药的6倍，煮沸1.5h。合并两次煎液，滤过。

② 浓缩。将合并的滤液进行减压浓缩，浓缩到一定稠度时，再改用低温水浴浓缩，收膏的浓度为1∶1，即1g稠膏相当于1g生药标准的稠厚浸膏。

③ 稠膏的处理。当中草药的有效成分溶于稀乙醇时，为了除去杂质并减少服用量，可在稠膏中加入95%的乙醇，边加乙醇边搅拌，使乙醇浓度达60%左右，静置12~24h，滤除沉淀，滤液回收乙醇，蒸发至稠膏状。

④ 制粒。于湿法制粒机中加入已称定量的稠膏，加入其4倍量的蔗糖粉和两倍量的糊精或淀粉作吸收剂，混合均匀，用66%乙醇调节干湿度，过16目筛制粒。记录搅拌时间，控制加入润湿剂的量。

⑤ 干燥。将制得的颗粒在60℃进行干燥，控制含水量；过快速整粒机整粒，使颗粒均匀一致，并考察颗粒的流动性。

⑥ 包装。总混后的物料于颗粒包装机上包装，规格每袋18g，在阴凉干燥处保存。

2. 质量检查

（1）粒度检查　取单剂量包装的颗粒剂5袋或多剂量包装的1袋，称定重量，置相应的药筛中，保持水平状态过筛，水平振荡，边筛动边拍打3min，不能通过一号筛与能通过五号筛的颗粒和粉末总量不得超过供试量的15%。

（2）溶解性检查　取供试品10g，加热水200mL，搅拌5min，可溶性颗粒应全部溶解或轻微浑浊，但不得有异物。

（3）装量差异限度检查　取感冒冲剂10袋，除去包装分别精密称定每袋内容物的重量，求出每袋内容物重量与平均装量。每袋装量与平均装量相比较，以重量差异限度为±5%为标准，超出装量差异限度的颗粒剂不得多于2袋，并不得有1袋超出装量差异限度的1倍。

（4）干燥失重检查　取供试品1g精密称定，除另有规定外，在105℃干燥至恒重，含糖颗粒应在80℃减压干燥，减失重量不得超过2%。

（5）连翘苷含量检查　照高效液相色谱法（通则0512）测定。每袋连翘苷含量应不少于1.2mg。

① 供试品溶液。精密称取样品约0.5g，置于5mL容量瓶中，加适量50%甲醇，超声30min后，定容，滤过，作为供试品溶液。

② 对照品溶液。精密称取连翘苷对照品约 10mg 置于 5mL 容量瓶中,用 50%甲醇溶液溶解并定容,作为贮备液。依次取贮备液 12.5、25、50、100、200、250μL 置于 5mL 容量瓶中,用 50%甲醇水溶液定容,滤过,作为标准品溶液。

③ 色谱条件。以十八烷基键合硅胶为填充剂;乙腈:水=20:80 为流动相;波长为 277nm;进样量为 20μL。

④ 系统适用性要求。理论板数按连翘苷峰计算应不低于 5000。

⑤ 测定法。精密量取供试品溶液与对照品溶液,分别注入液相色谱仪,记录色谱图。按外标法以峰面积计算。

六、实验结果与讨论

1. 粒度检查

5 袋颗粒剂的重量_____g,大于一号筛的颗粒重量_____g,小于五号筛的颗粒重量_____g,这两部分颗粒重量占总重量的_____%。说明是否合格。

2. 溶解性检查

取颗粒剂 10g,加入热水 200mL,搅拌 5min,应全部溶化,不得有焦屑等异物。观察结果:澄清、混悬、有无焦屑等杂质。

3. 装量差异

单剂量包装颗粒剂的装量差异限度应符合规定。

4. 干燥失重检查

颗粒干燥恒重前精密称重_____g,颗粒干燥恒重后精密称重_____g,减失重量_____%。

5. 计算每袋连翘苷含量。

6. 讨论中试和小试实验工艺对产品质量的影响。

七、思考题

1. 在生药材的提取浓缩过程中为何进行醇沉处理?
2. 本实验中制得的颗粒剂属于哪一类型的颗粒剂?
3. 中药颗粒剂的制备工艺中的质量控制点有哪些?

参考文献

[1] 周海嫔. 制药工程专业实验实训[M]. 合肥：合肥工业大学出版社，2022.
[2] 李潇，洪海龙. 制药工程专业实验[M]. 天津：天津大学出版社，2018.
[3] 周玉波. 药剂学实验教程[M]. 杭州：浙江大学出版社，2017.
[4] 李瑞芳，张贝贝. 制药工程专业实验教程[M]. 北京：科学出版社，2018.
[5] 林强，张大力，张元. 制药工程专业基础实验[M]. 北京：化学工业出版社，2011.
[6] 常宏宏. 制药工程专业实验[M]. 北京：化学工业出版社，2014.
[7] 宋航. 制药工程专业实验[M]. 3版. 北京：化学工业出版社，2019.
[8] 杭太俊. 药物分析[M]. 9版. 北京：人民卫生出版社，2022.
[9] 陆斌. 药剂学[M]. 北京：中国医药科技出版社，2003.
[10] 徐文方. 药物化学[M]. 2版. 北京：高等教育出版社，2012.
[12] 陈燕忠，朱盛山. 药物制剂工程[M]. 3版. 北京：化学工业出版社，2018.
[13] 高健. 药剂学实验与指导[M]. 北京：化学工业出版社，2007.
[14] 崔福德. 药剂学实验指导[M]. 3版. 北京：人民卫生出版社，2011.